航天科技图书出版基金资助出版

等离子体技术基础

Elements of Plasma Technology

［马来］乔·山·王（Chiow San Wong）

［泰］拉塔查特·蒙空那温（Rattachat Mongkolnavin） 著

刘佳琪　任爱民　邬润辉　译

中国宇航出版社

·北京·

著作权合同登记号：图字：01－2022－4073 号

版权所有　侵权必究

图书在版编目（CIP）数据

等离子体技术基础 /（马来）乔·山·王
(Chiow San Wong) 等著；刘佳琪，任爱民，邬润辉译
. -- 北京：中国宇航出版社，2022.9
书名原文：Elements of Plasma Technology
ISBN 978 - 7 - 5159 - 2103 - 7

Ⅰ.①等… Ⅱ.①乔… ②刘… ③任… ④邬… Ⅲ.
①等离子体应用 Ⅳ.①O539

中国版本图书馆 CIP 数据核字(2022)第 141330 号

责任编辑	王杰琼	**封面设计**	宇星文化

出版发行　中国宇航出版社

社　址	北京市阜成路 8 号	邮　编	100830
	(010)68768548		
网　址	www. caphbook. com		
经　销	新华书店		
发行部	(010)68767386		(010)68371900
	(010)68767382		(010)88100613(传真)
零售店	读者服务部		
	(010)68371105		
承　印	天津画中画印刷有限公司		
版　次	2022 年 9 月第 1 版		2022 年 9 月第 1 次印刷
规　格	880×1230	开　本	1/32
印　张	4.75	字　数	137 千字
书　号	ISBN 978 - 7 - 5159 - 2103 - 7		
定　价	68.00 元		

本书如有印装质量问题，可与发行部联系调换

航天科技图书出版基金简介

航天科技图书出版基金是由中国航天科技集团公司于2007年设立的，旨在鼓励航天科技人员著书立说，不断积累和传承航天科技知识，为航天事业提供知识储备和技术支持，繁荣航天科技图书出版工作，促进航天事业又好又快地发展。基金资助项目由航天科技图书出版基金评审委员会审定，由中国宇航出版社出版。

申请出版基金资助的项目包括航天基础理论著作，航天工程技术著作，航天科技工具书，航天型号管理经验与管理思想集萃，世界航天各学科前沿技术发展译著以及有代表性的科研生产、经营管理译著，向社会公众普及航天知识、宣传航天文化的优秀读物等。出版基金每年评审1～2次，资助20～30项。

欢迎广大作者积极申请航天科技图书出版基金。可以登录中国航天科技国际交流中心网站，点击"通知公告"专栏查询详情并下载基金申请表；也可以通过电话、信函索取申报指南和基金申请表。

网址：http：//www.ccastic.spacechina.com

电话：（010）68767205，68767805

前　言

　　等离子体技术通常被认为是 21 世纪的关键技术之一。在美国和日本这样的发达国家中，为了开发用于工业领域的等离子体技术，在等离子体研究方面投入了大量科研力量和资金。近年来，新兴的发达国家[①]，如韩国、中国（包括台湾地区）和新加坡等也加入到竞争的行列，以期进入这个技术发展领域的前沿。这种努力对于这些国家的国民经济影响是显而易见的。

　　本书涵盖了等离子体技术的一些基本内容，对于有意向从事等离子体技术开发工作的研究人员，笔者相信这些内容是会有重要帮助的。这些内容包括等离子体的基本特性、等离子体生成方法和基本的等离子体诊断技术。尽管在适当的情况下会有一些理论上的讨论，但其处理方法与理论相比更具有实验性。笔者也无意对涉及的所有问题都给予完备和深入的讨论。一些较高级的读者或许会认为本书的内容过于"基础"，但这正是本书的预期目标。本书是针对初学者而写的，不是针对专家而写的。

　　本书中也包含了在工业领域具有潜在应用的几个等离子体设备，包括脉冲等离子体辐射源和低温等离子体（如辉光放电和介质阻挡

---

　　①　本书作者认为，中国已进入新兴发达国家行列。实际上，中国仍属于发展中国家——编者注。

放电）。还将回顾和讨论这些设备的工作原理以及笔者与马来亚大学等离子体技术研究中心和朱拉隆功大学物理系的研究团队合作完成的一些研究结果。

乔·山·王

拉塔查特·蒙空那温

致　谢

　　笔者对马来亚大学和朱拉隆功大学为研究团队开展等离子体技术领域的研究提供经费和设施表示感谢，对他们提供的工作机会和支持合作表示感谢。作者也对团队成员、同事和学生在所有涉及课题方面的贡献与合作表示感谢。特别是，感谢贾斯比尔·辛格先生对完成课题给予的最有价值的贡献。此外，作者也感谢美国物理研究所、爱斯唯尔、剑桥大学出版社和日本应用物理学会对文献中一些数据引用的许可，这些文献包括：

Chin OH and Wong CS（1989）　"A Simple Monochromatic Spark Discharge Light Source". Rev. Sci. Instrum. 60：3818 – 3819. © 1989，AIP Publishing LLC.

Wong CS，Woo HJ and Yap SL（2007）"A Low Energy Tunable Pulsed X – Ray Source Based On The Pseudospark Electron Beam". Laser & Particle Beams 25：497 – 502. © 2007，Cambridge University Press.

Chan LS，Tan D，Saboohi S，Yap SL，Wong CS（2014）"Operation Of An Electron Beam Initiated Metallic Plasma Capillary Discharge". Vacuum 103：38 – 42. © 2014，Elsevier.

Wong CS，Choi P，Leong WS and Jasbir S（2002）"Generation of High Energy Ion Beams from a Plasma Focus Modified for Low Pressure Operation". Jpn.

J. Appl. Phys. 41：3943 – 3946. © 2002，JSAP.

目　录

第1章 等离子体技术中的基本概念

摘　要　在本章中将介绍一些用于理解等离子体的基本概念，包括粒子的碰撞以及粒子之间碰撞后可能出现的基本过程、德拜屏蔽的概念、放置在等离子体中的物体表面的等离子体鞘层形成、粒子振荡等。简要地讨论了由于电场、磁场以及密度梯度引起的等离子体准则和粒子输运。

关键词　等离子体；等离子体特性

1.1　等离子体——物质的第四态

简单来说，可以称等离子体为物质的第四态。在常温下，有些物质以固态形式存在，有些物质处于液态，也有些处于气态。如果将温度加热到室温以上或制冷到室温以下，各种物质都可以存在于这三种状态下。例如，水在室温和大气压力下处于液态，一方面如果将水温降到 0 ℃以下，远低于室温，水将变成冰——固态的水。另一方面，当水被加热到 100 ℃时，水将变为气态——水蒸气（图 1-1）。

现在我们来考虑，如果水蒸气被加热到高于 100 ℃时会如何。一些水分子（H_2O）就可能裂解为氢原子和氧原子。如果温度足够的高，氢原子和氧原子甚至会被电离而形成正离子和电子。这种"电离"态的水就是物质的第四态，如果它满足一定的准则，则被称为等离子体态。后面我们将详细地讨论这些准则。

在等离子体中，有电子、不同带电态的离子、中性原子和分子。这些粒子通过动能在等离子体中运动。当这些粒子相互碰撞时，它们就可能交换能量。碰撞可以是弹性碰撞，也可以是非弹性碰撞。

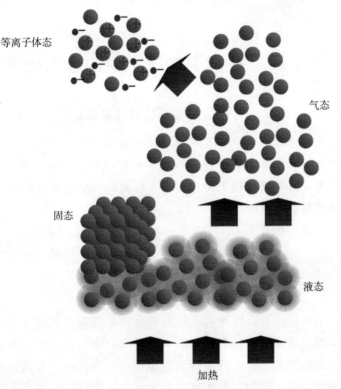

图 1-1　等离子体——物质的第四态

　　弹性碰撞期间，粒子间仅交换动能。碰撞之后，发生碰撞的两个粒子的速度大小和方向都可能改变。然而，在非弹性碰撞期间，发生碰撞的粒子的内能会发生变化。这就导致不同类型的过程发生，如激发和电离。特别是，电离会产生新的带电粒子，因而导致带电粒子数量增加。

1.2　碰撞

1.2.1　弹性碰撞

　　考虑质量分别为 m_1 和 m_2 的两个球形粒子碰撞情况（图 1-2）。

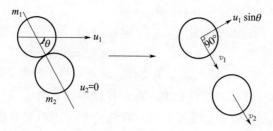

图 1 - 2　粒子之间的碰撞

假定碰撞前 m_2 静止，而 m_1 以速度 u_1 运动。碰撞时，在接触点，u_1 与两个碰撞粒子中心连线的夹角为 θ。碰撞之后，m_1 的速度变为 $\sqrt{v_1^2 + u_1^2 \sin^2 \theta}$，而 m_2 将开始以速度 v_2 沿着两个粒子中心连线方向运动。

考虑碰撞前后的动量守恒，有

$$m_1 u_1 \cos\theta = m_1 v_1 + m_2 v_2$$

$$m_1 u_1 \sin\theta \text{——} \text{不变}$$

$$v_1 = u_1 \cos\theta - \frac{m_2}{m_1} v_2$$

类似地，考虑碰撞前后的能量守恒，有

$$\frac{1}{2} m_1 u_1^2 = \frac{1}{2} m_1 (v_1^2 + u_1^2 \sin^2\theta) + \frac{1}{2} m_2 v_2^2$$

$$\left(\frac{v_2}{u_1}\right)^2 = \left(\frac{2m_1 \cos\theta}{m_1 + m_2}\right)^2$$

碰撞期间传递的能量分数

$$\delta = \frac{\text{碰撞后 } m_2 \text{ 的动能}}{m_1 \text{的初始动能}}$$

$$= \frac{\dfrac{1}{2} m_2 v_2^2}{\dfrac{1}{2} m_1 u_1^2} = \frac{m_2 v_2^2}{m_1 u_1^2} = \frac{m_2}{m_1} \frac{4m_1^2 \cos^2\theta}{(m_1 + m_2)^2} = \frac{4m_1 m_2}{(m_1 + m_2)^2} \cos^2\theta$$

考虑以下情况

（ⅰ）$m_1 = m_2 \Rightarrow \delta = \cos^2\theta$，$\delta_{max} = 1$

（ⅱ）$m_1 \ll m_2$，$\therefore m_1 + m_2 \approx m_2$

$$\Rightarrow \delta \approx 4 \frac{m_1}{m_2} \cos^2\theta，因此：\delta_{max} = \frac{4m_1}{m_2} \ll 1$$

因为 $m_1 \ll m_2$，δ 的值总是小量。这正是电子与原子碰撞或电子与离子碰撞的情况。可以看出，对于弹性碰撞，电子与原子或离子碰撞时，电子的轨迹会发生偏转，仅将它们小部分能量传递给原子或离子。换句话说，就是电子被散射。在低温下或不是很高温度下的气体中就是这种情况。当温度进一步增加，粒子就会以更高的动能运动，它们之间的碰撞就会更剧烈。当碰撞足够强时，能量就会转换为目标粒子的内能，此时的碰撞就称为非弹性碰撞。

1.2.2　非弹性碰撞

对于非弹性碰撞，动量是守恒的，与弹性碰撞相同，即

$$m_1 u_1 \cos\theta = m_1 v_1 + m_2 v_2$$

$$m_1 u_1 \sin\theta \text{——不变}$$

但是，能量方程需要改写为

$$\frac{1}{2} m_1 u_1^2 = \frac{1}{2} m_1 (v_1^2 + u_1^2 \sin^2\theta) + \frac{1}{2} m_2 v_2^2 + \Delta U$$

式中，ΔU 为碰撞过程中转换成 m_2 内能的能量。

ΔU 可以表示为

$$\Delta U = m_2 u_1 v_2 \cos\theta - \frac{m_2 (m_1 + m_2) v_2^2}{2m_1}$$

将其对 v_2 求导，有

$$\frac{d(\Delta U)}{dv_2} = m_2 u_1 \cos\theta - \frac{m_2 (m_1 + m_2)}{2m_1} 2v_2$$

求 ΔU 的最大值，可令 $d(\Delta U)/dv_2 = 0$，可以得到

$$v_2 = \left(\frac{m_1}{m_1 + m_2} \right) u_1 \cos\theta$$

$$\therefore (\Delta U)_{max} = \frac{1}{2} \left(\frac{m_1 m_2}{m_1 + m_2} \right) u_1^2 \cos^2\theta$$

转换为目标粒子内能的最大能量为

$$\delta = \left(\frac{m_2}{m_1 + m_2}\right)\cos^2\theta$$

当 $m_1 \ll m_2$，$\delta = \cos^2\theta$，$\delta_{\max} = 1$。

这就意味着，在非弹性碰撞期间，电子（碰撞体）的全部能量都会转换为 m_2 的内能，m_2 可以是离子或原子。

随着内能的增加，原子或离子中的电子排布会发生变化，因而导致激发或电离过程。

1.3　碰撞截面

在考虑电子与原子或离子碰撞时，需要问的一个重要问题是：碰撞发生的概率有多大？接下来的问题是，碰撞将导致某特定过程发生的概率有多大？这个问题可以用碰撞截面来描述。对于电子与原子的碰撞，其碰撞截面可以直接用原子的大小来定义。因此，电子-原子碰撞的横截面为 $\sigma_{e\text{-}a} = \pi a_0^2$，其中 a_0 为原子的半径。对于带电粒子之间的碰撞，由于库仑作用，粒子能够在没有物理接触条件下交换能量。可以定义一个冲击参数 b，该参数是碰撞粒子之间最接近的距离。在特定情况下，当入射粒子相对于原始路径 $90°$ 方向被反射时，在最接近点处，它们之间（电子-离子为吸引，电子-电子为排斥，离子-离子为碰撞）的库仑势能等于入射粒子初始时刻动能的两倍，即

$$\frac{Z_1 Z_2 e^2}{4\pi\varepsilon_0 b_0} = 2 \times \frac{1}{2}mu_1^2$$

式中，b_0 为在 $90°$ 反射时的最近距离。因此

$$b_0 = \frac{Z_1 Z_2 e^2}{4\pi\varepsilon_0 (3kT)}$$

这里已将 $\frac{1}{2}mu_1^2 = \frac{3}{2}kT$ 代入了式中。对于带电粒子之间的碰撞，碰撞截面为 $\sigma = \pi b_0^2$，因此

$$\sigma = \pi \left[\frac{Z_1 Z_2 e^2}{4\pi\varepsilon_0 (3kT)} \right]^2$$

但是，这个表达式仅适用弱电离等离子体。对于完全电离或强电离等离子体，则

$$\sigma = 5.7\ln\Lambda \pi \left[\frac{Z_1 Z_2 e^2}{4\pi\varepsilon_0 (3kT)} \right]^2$$

式中，对于完全电离或强电离等离子体，有 $\ln\Lambda \approx 10$。

参考碰撞截面，我们可以定义碰撞的平均自由程（两次连续碰撞的平均时间间隔）为 $\lambda = \dfrac{1}{n_2\sigma}$，碰撞的平均自由时间为 $\tau = \dfrac{1}{n_2 u_1 \sigma}$；其中，$n_2$ 为目标粒子的数密度，u_1 为入射粒子的速度。

1.4　等离子体中的基本过程

等离子体中的电子与原子或离子碰撞后可能会发生不同的过程。最基本的 4 个过程如下所述。

（1）散射 $e + A \rightarrow A + e$

这是碰撞电子将它的部分动能传递给原子或离子的弹性碰撞情况。碰撞之后电子的运动方向会改变。

（2）激发 $e + A \rightarrow A^* + e$

当电子有充分的能量与原子或离子发生非弹性碰撞时会发生这种情况。它的部分动能被原子或离子的内层电子所吸收，将内层电子提升至更高能级，因此，原子或离子变为激发态。

大多数激发态都是短寿命的，它们会通过发射与能量差相等的光子而衰变为原始能级。由于自发发射，该过程被称为退激发或弛豫。

（3）电离 $e + A \rightarrow A^+ + 2e$

当碰撞电子有很高的能量时，它能够将足够的能量转换为原子或离子的内能，使它们释放出一个外围电子。该原子或离子因此变成一种较高电荷态，因而被称为电离。

正是通过电离过程，使等离子体中产生了新的带电粒子（电子）。

（4）复合 $e + A \rightarrow A + (h\nu)$

在这种情况下，与离子碰撞的电子会被离子俘获，该电子占据离子内部的空位，从而将离子变为比以前低一级的带电状态。当电子释放它的剩余能量时会发射一个光子。

上述过程产生的可能性问题，可以用散射截面来回答。过程截面可用碰撞电子不同能量出现的概率来表达。图 1-3 所示的是氩气（1）、（2）和（3）过程的相对截面。

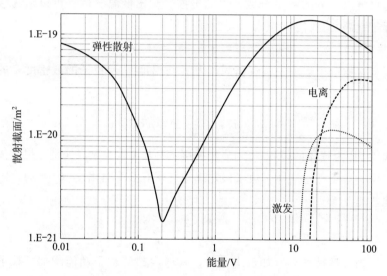

图 1-3 　散射、激发和电离过程的相对截面

1.5 　等离子体热力学特性的有关问题

我们来考虑温度足够低的气体，此时可以认为气体主要由中性粒子组成。存在的组分类型包括原子（和/或分子）、离子和电子。在这种条件下，假定为热力学平衡态，满足理想气体定律适用条件。

如果定义 α_i 为离子组分的数量分数，则有

$$\alpha_i = \frac{N_i}{N_t} \quad 其中 N_t = \sum_{j=0}^{Z} N_j$$

因此

$$\alpha_0 = \frac{N_0}{N_t}$$

为中性粒子的数量分数，而

$$\alpha_1 = \frac{N_1}{N_t}$$

为单电离组分的数量分数，以此类推。对于低温气体（可以认为接近于室温），我们认为

$$\alpha_0 \approx 1, \alpha_1, \alpha_2 \approx 0$$

根据分子运动论，气体的压力 p 与温度 T 及粒子的数密度 n 的关系为

$$p = nkT = \frac{N}{V}kT = \rho RT$$

式中，V 为气体的体积；ρ 为质量密度；R 为气体常数。这是理想气体定律。对于理想气体，由于假定理想气体有 3 个自由度（$f=3$），则比热比 γ 为

$$\gamma = \frac{f+2}{f} = \frac{5}{3}$$

当气体被加热（如放电）时，气体内部的粒子动能增加，粒子之间的碰撞也越来越"剧烈"，因此趋向于非弹性碰撞。正如我们前面讨论过的那样，当碰撞粒子为电子时，效果特别明显，尽管电子的数量分数相对低些。这种情况会导致能量转换为目标粒子（可以是原子或离子）的内能。因此，自由度增加，f 增大。因此，γ 减小并趋向于 1。

随着非弹性碰撞出现，电离的截面也增加，将产生新的带电粒子（离子和电子）。在特定温度下，仅有一定数量的组分（不超过 5 或 6）起主导作用。在加热至高温的气体中，各种组分的分数种群分

布可以用局部热力学平衡（LTE）模型或日冕平衡（CE）模型来描述。合理模型的选择取决于气体的密度。通常，LTE 模型较适用于高密度等离子体，而 CE 模型更适合低密度等离子体。通常也很难确定什么样的高密度可以被认为是"高"。在研究等离子体发射辐射光谱时，我们将会再次讨论这个话题。

当气体被加热到更高温度时，非弹性碰撞导致的激发或电离（因而导致的自由度增加）过程意味着气体开始偏离理想气体条件。因此，气体从自然状态向电离状态（等离子体）的转换是向真实气体转换。等离子体作为真实气体，状态方程的近似形式为

$$p = \rho R T z$$

式中，z 为偏离系数（偏离理想气体）；R 为气体常数。

对于有离子组分 α_0，α_1，α_2，$\cdots$，α_i 的等离子体，

$$z = 1 + \sum_{j=1}^{i} j\alpha_j \qquad \text{对于原子气体}$$

$$z = 1 + \chi + \sum_{j=1}^{i} [(2j+1)\alpha_j] \quad \text{对于双原子分子气体}$$

式中，χ 为分子的数量分数。

当等离子体被加热到特别高温度直至完全电离（意味着所有电子都从原子中脱离）时，将不再发生激发和电离过程，自由度数将降回到 3。在这种情况下，等离子体中仅有完全剥离的离子和电子两类组分，此时可以再次考虑为理想气体。

1.6　等离子体势的概念

维持电中性假设是等离子体的重要特征之一。这表明等离子体的正负电荷是平衡的。如果我们假定等离子体中任何地方的电荷密度为零，则应该没有静电场。但是，等离子体内部的电势却不为零，尽管等离子体是均匀的。

等离子体中电势不为零可以从两方面结果来证明。

1) 当一个杂散电荷落入到等离子体中时，等离子体内的带电粒子将重新分布，从而将杂散电荷的影响屏蔽在以杂散电荷为中心，半径为德拜长度的小球内（称为德拜球），德拜长度为

$$\lambda_D = 6.9 \sqrt{\frac{T_e}{n_e}} \quad (\lambda_D : cm; \ T_e : K; \ n_e : cm^{-3})$$

这种效应称为德拜屏蔽。这通常由等离子体中的电子来确定，原因是，通常电子重新分布以形成屏蔽效应。当杂散电荷为正电荷时，电子将朝向该电荷方向运动，以便德拜球内的电子数高于周围。相反，如果杂散电荷是负电荷，则德拜球内的电子数将低于周围。

2) 现在让我们设想杂散电荷突然从等离子体中移出的情况。这时粒子会试图重新分布而回到原始状态，因此可以将它们视为简谐振荡。以悬挂在弹簧上的质量块 m 为例。如果拉动质量块使之位移，然后释放，质量块会趋向于返回到平衡位置，但它并不会停止在平衡位置处，除非系统被严重阻尼。系统将处于振荡（简谐运动）态。为了更好地理解等离子体中的效果，我们考虑静态情况，即所有带电粒子都以实现电中性的方式排列。以最简单的一维情况为例，即无限个大小相等、正负交替的电荷排列。如果让一个电子发生位移然后释放，它将以简单的谐波运动开始在其平衡位置附近振荡，谐波频率为

$$f_e \approx 9 \times 10^3 \sqrt{n_e} \quad (f_e : H_z; \ n_e : cm^{-3})$$

注意，f_e 仅取决于电子密度。

1.7　等离子体准则

广义地讲，等离子体是一种电离的气体。而实际上，电离气体必须满足一些准则才能认为是等离子体。

准则 1：$\lambda_D \ll L$

这里，L 为等离子体的"特征"尺度。这个准则要求，如果等离

子体受到一个杂散电荷的扰动，则杂散电荷的影响应该被屏蔽在德拜长度距离之内，这个距离必须远小于等离子体的特征尺度。

准则 2：$N_D = \dfrac{4}{3}\pi \lambda_D^3$　$N \gg 1$

德拜球 N_D 内部的粒子数必须足够多，至少要大于 1，比如说 100。这就要求了等离子体的数密度要足够高。

准则 3：$\omega_p \tau > 1$

$\omega_p = 2\pi f_e$ 是等离子体振荡的电子角频率，而 τ 是电子-原子或电子-离子之间碰撞的平均自由时间。换句话说，等离子体的振荡频率必须大于碰撞频率。这就意味着，电子在两次碰撞之间必须完成多次振荡。这个准则就是确保每次碰撞之后粒子能够接近平衡。

1.8　等离子体边界效应

到目前为止，我们实际上都假定了等离子体是无边界且均匀的。但在等离子体的边界处会怎样？如装载等离子体的容器壁面或等离子体中物体（不是点电荷）表面。

让我们从等离子体是均匀且各向同性的平衡态说起。当一个物体（悬浮且与外界无连接）放置于等离子体内时，等离子体将会产生反应，由于电子比离子轻得多，它们会首先到达物体表面。因而导致物体表面被"充电"至负电位。然而，随着更多电子到达表面，负电势也将增加，并有将后来移向表面的电子推离的趋势。当表面前的电势分布偏离等离子体电势 V_p 时，很快就会达到平衡，如图 1-4 所示。物体表面的电势 V_f 相对于等离子体电位是负的，通常称为物体的悬浮电位。

作为一级近似，可以假定在距离表面 λ_D（德拜长度）处的电位将会恢复到等离子体电位。换句话说，在等离子体中的物体表面会形成厚度为 λ_D 的等离子体鞘层。

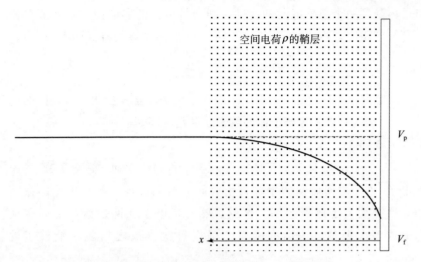

图 1 - 4　等离子体中的边界电位分布（一级近似）

上述等离子体鞘层的简化图像是从静态电荷分布模型得到的。由于等离子体内部的粒子随机运动，离子只有在足够接近表面的情况下，才会朝着表面的方向上加速。超过这点后，它们的速度将逐渐增加，直到

$$u_0 > \sqrt{\frac{kT_e}{m_i}}$$

这就是等离子体鞘层的玻姆准则。等离子体鞘层结构的更精确图像如图 1 - 5 所示。

在未扰动的等离子体中，离子是随机运动的。当它们接近准中性过渡区时，开始向物体表面方向加速。当超过图 1 - 5 中的 $x = 0$ 点时，所有离子都超过了速度 $\sqrt{\dfrac{kT_e}{m_i}}$。此处被认为是物体表面等离子体鞘层的边界。

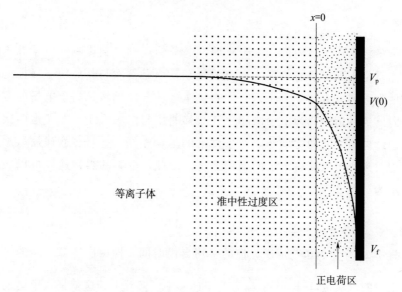

图 1-5　等离子体中的边界电位分布（玻姆模型）

1.9　粒子在等离子体中的输运

目前为止，我们已经讨论了等离子体中的带电粒子由于它们的热运动速度引起的随机运动。在施加外力的影响下，粒子会如何运动呢？

这里，我们考虑可能影响等离子体中粒子运动的两种类型的外力。

（1）带电粒子在电场中的运动

在电场的影响下，真空中带电粒子（特别是电子）的运动可以用下面运动方程描述（有时称为洛伦兹模型），即

$$m_e \frac{dv_e}{dt} = eE$$

由此得到

$$v_e = \left(\frac{et}{m_e}\right)E$$

在等离子体内部，由于碰撞，电子的运动受到影响。电子并不像真空下那样沿着电场方向直线运动，而是每次与其他粒子碰撞之后都会改变方向。但是，电子的整体运动方向仍然趋向于电场的方向。这种运动称为电子漂移，其漂移速度与电场成正比。考虑两次连续碰撞之间的运动与真空条件下的运动相同，并对多次碰撞取平均效果，可以获得电子的漂移速度。因此，电子的漂移速度可以表示为

$$v_e = \left(\frac{e\tau_{e\text{-}a}}{m_e}\right)E$$

式中，$\tau_{e\text{-}a}$ 为电子与原子碰撞的平均自由时间，即两次碰撞之间的平均时间。量 $\mu_e = \left(\frac{e\tau_{e\text{-}a}}{m_e}\right)$ 称为电子迁移率。实际上，这就是电子运动如何受到碰撞影响的一种量度。如果碰撞频率高，则 $\tau_{e\text{-}a}$ 小，因而电子具有较低的迁移率。

如果我们将电子电流密度写为 $J_e = n_e e v_e = n_e e \mu_e E$ 并与电导率的欧姆定律 $J_e = \sigma E$ 进行比较，则可以定义一个等离子体的等价电导率

$$\sigma = n_e e \mu_e = \frac{n_e e^2 \tau_{e\text{-}a}}{m_e}$$

同样，更频繁的碰撞意味着电导率更低。

对于离子也可采用类似的考虑。离子的漂移方向会与电子漂移方向相反。但是，由于离子的质量比电子质量大很多（$m_p/m_e \approx 10^3$），在同样电场的影响下，有 $v_i \ll v_e$。因此，在考虑粒子在电场中的输运时，通常假定离子是静止不动的。

（2）密度梯度引起的粒子运动

当等离子体内部出现密度梯度时，也可能使粒子从随机运动变为向某一方向的漂移。这种现象称为扩散。产生的漂移速度与密度梯度 $\mathbf{\nabla}n$ 成正比，而与密度 n 自身成反比。因此，可以写为

$$v_d = -D\,\frac{\nabla n}{n}$$

负号表示扩散方向与密度梯度方向相反，即从高密度区到低密度区。

　　在密度梯度影响下，电子和离子会向相同的方向运动。但由于离子质量大很多，它们会落在后面并导致电荷分离。因此会产生一个感应电场。这个感应电场会在该方向上加速离子并阻滞电子。可以想象一下，电子和离子最初在同一位置，然后开始一起向外（球形状）扩散。开始时，电子的运动比离子快，但很快就出现了电荷分离现象，感应电场将起到减慢电子而加速离子的作用。当电子与离子的漂移速度变得相同时，很快就会建立平衡。这种情况称为双极扩散。

第2章　等离子体生成方法

摘　要　在本章中，将讨论通过气体放电产生等离子体的问题。将解释气体电击穿的汤森理论。介绍电晕放电、辉光放电和电弧放电等多种类型的放电以及生成的等离子体特性。介绍用于生成这些等离子体的电源，包括直流（DC）、交流（AC）、射频（RF）、微波和脉冲电容器放电等。

关键词　放电；脉冲放电

2.1　直流放电

2.1.1　电击穿

中性形式下的气体是绝缘体，当在气体两端施加电场时，无论电场多强都不会传导电流。然而，在中性气体中，总是存在一定量的杂散电荷。环境中的宇宙射线或其他背景辐射导致的气体粒子电离是一种杂散电荷源。如果采用电极对气体施加电场，由阴极表面吸收紫外光子导致的光电效应是另外一种杂散电荷（电子）源。杂散电子的存在是放电的关键，原因是它们可以被加速到产生电离碰撞的高能量，从而产生新的带电粒子。没有杂散电子出现，放电就不可能发生。

通过气体产生放电的最简单结构是，在充有适当压力气体的容器中，放置一对平行板电极，电极之间施加电势差，如图 2-1 所示。

考虑源自阴极的电子是由于吸收了紫外光子而产生的。由于电场的存在，当电子与原子碰撞时，电子被加速到足以激发或电离的能量。当电离碰撞发生时，碰撞的电子与新产生的电子都将被电场进一步加速，因而可能产生进一步的电离碰撞。因此可以看出，在

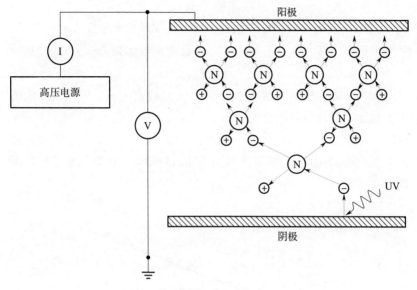

图 2-1　带电粒子的倍增导致放电

阴极至阳极间的电子数是倍增的。这种电荷（电子）的倍增可以用气体放电的汤森理论来描述。单位距离上的电离碰撞数称为第一汤森系数 α。对于不同气体，已经建立了 α 与气体压力 p 和施加电场 E 之间的经验关系。对于原子气体，其表达式为[1]

$$\frac{\alpha}{p} = C\exp\left(-D\sqrt{\frac{p}{E}}\right) \tag{2-1}$$

对于分子气体，表达式为

$$\frac{\alpha}{p} = A\exp\left(-B\frac{p}{E}\right) \tag{2-2}$$

式中，A、B、C、D 均为所用气体的气体常数。例如，对于氩气 $C = 29.22\ \mathrm{cm}^{-1} \cdot \mathrm{torr}^{-1}$，$D = 26.64\ [\mathrm{V}/(\mathrm{cm} \cdot \mathrm{torr})]^{1/2}$，对于空气 $A = 14.6\ \mathrm{cm}^{-1} \cdot \mathrm{torr}^{-1}$，$B = 365\ \mathrm{V}/(\mathrm{cm} \cdot \mathrm{torr})$。

考虑到阴极紫外吸收产生的电子通量引起的电离碰撞过程，并假定 E 和 p 不变的条件下 α 为常数，根据汤森理论，预测电子通量将会按以下关系增长

$$F(x) = F_0 \exp(\alpha x)$$

式中，F_0 为阴极表面的电子通量，以单位面积的电子数表示。

在阴阳极距离为 d 的情况下，阳极最终收集到的电子通量为

$$F_\alpha = F_0 \exp(\alpha d)$$

测得的阳极电流密度为 $J_\alpha = eF_\alpha = J_0 \exp(\alpha d)$ 。如果假定放电电流截面不变，也可用总电流 I_α 来表达，即

$$I_\alpha = I_0 \exp(\alpha d) \qquad\qquad (2-3)$$

如图 2-2 的 $\ln I_\alpha$ 与 d 之间关系曲线所示，实验数据能够很好地满足这个关系式。

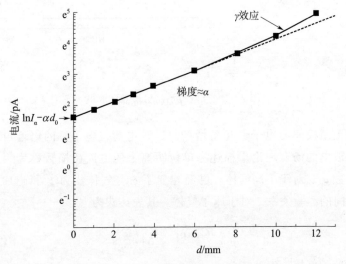

图 2-2　$\ln I_\alpha$ 与电极间距离 d 的关系

　　直线没有通过原点而是与 y 轴的（$\ln I_\alpha - \alpha d_0$）相交。这是由于电子在获得产生电离碰撞的足够能量之前，必须至少加速距离 d_0。在这种情况下，阳极电流密度表达式应该修正为 $I_\alpha = I_0 \exp[\alpha(d - d_0)]$。从图 2-2 可以看出，根据不同电极间距 d 下的 I_α 测量值，从所获得的直线斜率可以获得气体的 α 值。这个实验需要注意，当 d 增加时，为了维持 $E = V/d$ 为常数，施加到电极之间的电势 V 也必须增加。因此，α 是在特定 E 条件下得到的。

　　图 2-3 给出了通过实验获得的氩气 α/p 值与 E/p 函数关系的实例。该曲线可以转换为 α/p 与 $(p/E \times 1\,000)^{1/2}$ 的函数关系，如图 2-4 所示。因此，从这个曲线可以确定常数 C 和 D 的值。

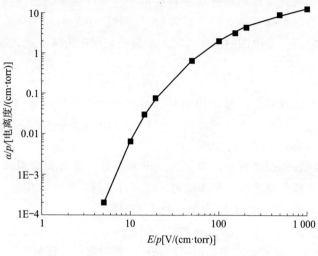

图 2-3　α/p 与 E/p 的关系

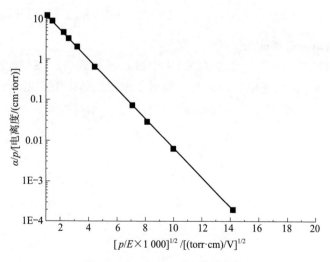

图 2-4　α/p 与 p/E 关系曲线

在上述讨论中，假定气体中通过电离产生的电子被加速到阳极，将重离子留下。对于靠近阴极表面的离子，它们可能会与表面发生碰撞，当电场足够高时，离子在阴极表面的碰撞能量可能很高，足以克服阴极材料的功函并从中释放电子。每次离子轰击导致从表面释放的电子数称为汤森第二系数 γ。这种作用是汤森气体放电理论应该考虑的一个附加的电子来源。阳极电流现在由以下形式给出

$$I_a = \frac{I_0 \exp(\alpha d)}{1 - \gamma[\exp(\alpha d) - 1]} \tag{2-4}$$

需要注意的是，当 d 很小时，$\exp(\alpha d) \approx 1$，因而分母 ≈ 1。这是实验观测到的。当 d 很小时，$\ln I_a$ 与 d 之间关系曲线是直线。当 d 增加到足够大时，将偏离直线，变为向上弯曲的曲线。

从阴极表面释放电子是气体放电的关键。阴极表面释放电子起到了不依赖外部源（如紫外辐射）而"自维持"放电的作用。

根据式（2-4），如果分母趋于 0，即

$$1 - \gamma(e^{ad} - 1) \to 0$$

则 $I_a \to \infty$。这就是发生电击穿的条件。此时获得自持放电。因此，

$$1 - \gamma(e^{ad} - 1) = 0 \quad \text{或} \quad \gamma(e^{ad} - 1) = 1$$

$$\text{或} \quad \gamma(e^{ad}) = \gamma + 1 \quad \text{或} \quad \alpha d = \ln\left(1 + \frac{1}{\gamma}\right) \tag{2-5}$$

称为放电的击穿准则。

根据击穿准则，将式（2-1）中的 α/p 按式（2-5）替换，并用 $E = V_B/d$ 描述电击穿情况，则对于原子气体，击穿电压可以表示为

$$V_B = \frac{D^2 pd}{\left\{\ln\left[\dfrac{Cpd}{\ln\left(1 + \dfrac{1}{\gamma}\right)}\right]\right\}} \tag{2-6}$$

类似，对于分子气体，有

$$V_B = \frac{Bpd}{\left\{\ln\left[\dfrac{Apd}{\ln\left(1 + \dfrac{1}{\gamma}\right)}\right]\right\}} \tag{2-7}$$

γ 实际上也是 E/p 的函数，类似于 α。通过实验发现，在一般的放电条件下，γ 相当恒定。因此可以看出，无论原子气体还是分子气体，击穿电压都是 pd 的函数。这个结论已经被实验所证实。对于一定的放电条件（气体类型和电极材料），固定 (pd) 值，通过实验可以观测到一个 V_B 最小值。这个击穿电压最小值可以通过式（2-6）或式（2-7）对 (pd) 的微分导出，对于原子气体

$$(V_B)_{\min} = \frac{D^2}{4C}\left[7.39\ln\left(1+\frac{1}{\gamma}\right)\right] \quad 当\ (pd)_{\min} = \frac{7.39\ln\left(1+\dfrac{1}{\gamma}\right)}{C}$$

$$\text{(2-8)}$$

对于分子气体

$$(V_B)_{\min} = \frac{B}{A}\left[2.72\ln\left(1+\frac{1}{\gamma}\right)\right] \quad 当\ (pd)_{\min} = \frac{2.72\ln\left(1+\dfrac{1}{\gamma}\right)}{A}$$

$$\text{(2-9)}$$

击穿电压 V_B 随 pd 的变化曲线通常称为帕邢曲线或帕邢定律。空气的帕邢曲线如图 2-5 所示。

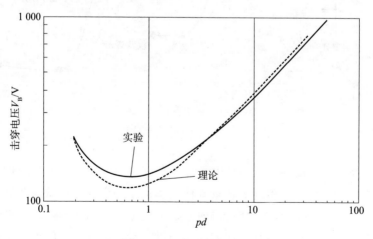

图 2-5　空气的帕邢曲线

从帕邢曲线可以看出，在 V_B 最小值的左侧，增加 pd 导致击穿电压变低，而在 V_B 最小值的右侧，趋势相反。此时，增加 pd 会使发生击穿变得越来越困难。

2.1.2　放电特性的 I-V 曲线

图 2-1 中所示的放电电路中，电流随施加电压 V_s 的变化可以归纳为图 2-6 所示的 I-V 特征曲线。该曲线中的纵轴是放电管上的电压降。

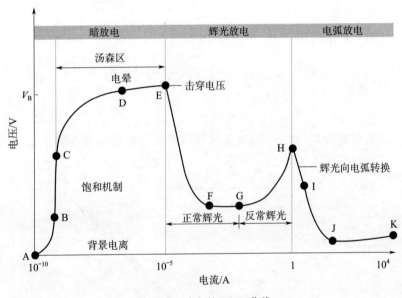

图 2-6　放电的 I-V 曲线

特征曲线的第一部分是由于环境杂散辐射或紫外辐射在阴极表面产生的光电效应引起的背景气体电离产生的电荷所导致。在低电压下，任何可用的电子都可能向阳极方向加速而构成电流。如果由于电势低（因而电场低）而不能出现电子的电离碰撞，则可以获得的最大电流由原始总电子数来确定。该电流范围在纳安（nA）以下，且随着施加的电势增加而增加。在对应最大可用电子数时，该电流接近饱和值。

随着施加电势的增加，电子有可能被加速到激发和电离阈值以上的能量，因而发生以下过程：由于电离而产生新的带电粒子（离子和电子），因而导致放电电流的增加。最终，当电势进一步增加到接近于击穿电压时，放电电流呈指数级增加，因而发生击穿并形成放电。在式（2-6）或式（2-7）给出的电势 V_B 时会出现电击穿。

击穿之前的 I-V 曲线区域通常被称为暗放电区。这个区域又被细分为背景电离区、汤森区和电晕区。通过外部或内部方法在微安（mA）范围内控制电流就可以维持电晕放电。后面我们还会再深入研究这个问题。当放电处于暗放电区时，放电管上的电压降大致等于施加的电势。

在击穿之后，放电试图从电源中获取无限的电流，因此，必须在电源和放电之间串联一个限流电阻 R_L。所获得的放电类型取决于放电电流的大小，放电电流的大小通过限流电阻 R_L 和等离子体阻抗的综合效应来控制。理想情况下，击穿之后的等离子体阻抗与 R_L 相比可以忽略。这就意味着，放电管上的电压降为零，全部电压都在 R_L 两端产生。但是，当调节 R_L 将电流限制在毫安量级时，则在放电管两端将有电压降，当放电电流变化时，该电压降近似不变。这就是正常的辉光放电区，电极两端的电压称为辉光电压 V_g。当电流从毫安量级逐渐降低时，辉光放电区的电流可能低到 10^{-5} A。

此外，当电流进一步增加到 100 mA 以上时，电极间的电压将不再维持常量不变而是增加的。这时的辉光放电变为反常放电。当电流增加到 1 A 以上时，电极之间的电压会突然降到辉光电压以下，此时的放电转化为电弧放电。通过控制电流可以获得三种类型的放电，归纳为

$$10^{-7} \sim 10^{-5} \text{ A} \Rightarrow \text{电晕放电}$$
$$10^{-5} \sim 1 \text{ A} \Rightarrow \text{辉光放电}$$
$$> 1 \text{ A} \Rightarrow \text{电弧放电}$$

2.1.3　电晕放电

击穿之后，如果将放电电流控制在几微安水平，则能够获得电晕放电。电极间的电位降仍然与施加的电压相同。在没有达到击穿电压但电极之间的电场非均匀的情况下也可以获得电晕放电。一种特殊的情况是高电压电极（可以是阳极或阴极）具有尖锐剖面，如针状或细线。在这种情况下，尖点的电场足够高（>30 kV/cm），因此，电子能够被加速到足够产生电离碰撞的能量，导致在尖点附近距离内被击穿。从尖点至发生击穿的距离被称为电晕放电的有效距离。

电晕放电的现象如图 2-7 所示。在这样的配置下，球坐标下的泊松方程可以写为

$$\mathbf{\nabla} \cdot \mathbf{E} = \frac{1}{r^2} \frac{\mathrm{d}}{\mathrm{d}r}(r^2 E) = -\frac{\rho}{\varepsilon_0} \approx 0 \qquad (2-10)$$

该式给出了电极之间电场的径向分布

$$E(r) = -\frac{\mathrm{d}V}{\mathrm{d}r} = \frac{a^2 E_0}{r^2} \qquad (2-11)$$

采用边界条件：$r=a$，$V=V_0$ 和 $r=b$，$V=0$，对上式积分，可以得到

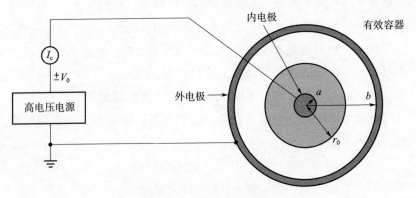

图 2-7　尖点处的电晕放电

$$V(r) = V_0 \left[\frac{a(b-r)}{r(b-a)} \right] \qquad (2-12)$$

因此,

$$E(r) = \frac{abV_0}{r^2(b-a)} \approx \frac{aV_0}{r^2} \; \text{当} \; a \ll b \qquad (2-13)$$

在半径为 a 的尖点表面,电场为 $E_0 \approx \dfrac{V_0}{a}$。当 a 很小时,电场非常大。当 r 很小时也是如此。

2.1.4　辉光放电

辉光放电是工业领域最普遍应用的等离子体技术。尽管这种等离子体可以通过多种放电配置生成,如 DC、RF、DC 或 RF 磁控管、ECR 微波放电等,但这些放电产生的等离子体特性都是类似的。在图 2-8 所示圆柱形玻璃容器中放置的平行板电极的典型配置下,以正常辉光放电模式工作,放电由几个亮区和暗区组成。其中最明显放电部分的区域是正柱区,是最满足等离子体定义的区域(电场为零或至少很低,电中性)。通常,该等离子体中的电子温度在 $1 \sim 2 \, \mathrm{eV}$ 范围,而离子和原子的温度接近于室温,直流放电情况下,电子密度在 $10^6 \sim 10^8 \, \mathrm{cm^{-3}}$ 范围。这种情况下,大部分组分是中性状态,可能很多处于激发态。可能存在少量单电离离子,甚至存在更少量的双电离离子。根据肖特基扩散模型,电离产生的新电子与由于径向扩散导致的带电粒子损失相平衡,因此,在正柱区内的电子密度径向分布可以用零阶贝塞尔函数表达

$$n(r) = n_0 J_0 \left(2.405 \frac{r}{R} \right) \qquad (2-14)$$

式中,n_0 为柱体轴线上的电子数密度;R 为柱体半径。

另一个感兴趣的区域是阴极下降区,由阿斯顿暗空间、阴极辉光和克鲁克斯暗空间组成。在这个区域的电位急剧下降导致强电场。强电场是在阴极表面产生高能离子轰击并引起电子发射的主要原因。事实上,这是形成"自持"放电的一个必要特征。阴极下降区是电

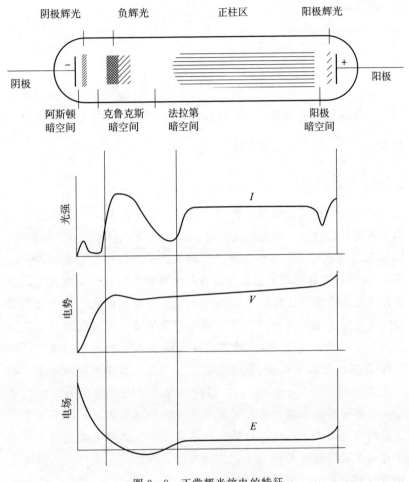

图 2-8　正常辉光放电的特征

子获得大部分动能的区域。与整个放电管长度相比，阴极下降区的厚度 d_c 是一个相对小量。对于分子气体，这个区域的电位降可以表示为

$$V_c = \frac{B}{A}\left[3\ln\left(1+\frac{1}{\gamma}\right)\right] \qquad (2-15)$$

可以将此式与式 (2-9) 给出的分子气体放电最小击穿电压的

表达式进行比较。这意味着阴极下降区的电位降预计与设置的最小
击穿电压相同，反之亦然。类似地，对于单原子气体，

$$V_c \approx \frac{D^2}{4C}\left[7.39\ln\left(1+\frac{1}{\gamma}\right)\right] \qquad (2-16)$$

在其他两个区域（负辉光区和法拉第暗空间）中，高能电子在
到达正柱区之前被热化。在阳极侧，靠近阳极的电子加速度可能略
有增加，并轰击阳极表面而产生一层明亮的区域，即阳极辉光。正
柱区与阳极辉光之间的区域为阳极暗空间。

2.1.5　热阴极放电

在 2.1.4 节中讨论的辉光放电，阴极没有施加任何外部加热措
施。这种放电通常称为"冷阴极"放电，尽管实际上放电期间的阴
极是热的，或至少是温的。我们称之为冷阴极，是相对于开始发射
电子时阴极被加热到高温的情况而言。这种情况下，普遍采用钨丝
作为阴极。因为阴极有大量的电子发射，所以不再需要高能离子轰
击阴极来维持自持放电。事实上，离子轰击会缩短钨丝的寿命，因
此是应该避免的。热阴极放电的原理如图 2-9 所示。

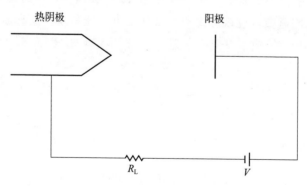

图 2-9　热阴极放电原理图

由于热阴极现在能提供大量的电子，即使两电极之间的空间保
持绝对真空状态也能获得电流。

理论上，热阴极丝上发射的电子受控于它的温度 T 和丝材料的功函 ϕ。由理查森-杜什曼方程确定电流密度，即

$$J = AT^2 \exp\left(-\frac{e\phi}{kt}\right) \qquad (2-17)$$

式中，A 为常数。

但是，由于发射的电子不会即刻移动到阳极，在阴极附近会有电子的积累，因此无法实现此电流密度。在平衡态下，会在阴极的前面形成一层空间电荷。从阴极到阳极的电势分布是，几乎所有电势降都在这层空间电荷之间，且空间电荷边缘的电势与阳极的电势相同。因此，空间电荷层的边缘起到了虚拟阳极的作用。其电流密度为

$$J = \frac{4\varepsilon_0}{9}\sqrt{\frac{2e}{m_e}}\frac{V^{\frac{3}{2}}}{d^2} \qquad (2-18)$$

式中，d 为电极之间的间距；V 为施加的电势。然而，这是由理查森-杜什曼方程 [式（2-17）] 确定的最大值。

需要注意的是，上述 J 的表达式适用于假定电子在到达阳极的路径上没有碰撞的真空情况。当两电极之间充满一定压力的气体时，就不能忽略碰撞，应该考虑通过气体的电子迁移率。这种放电受到迁移率的限制，放电电流密度为

$$J = \frac{9\varepsilon_0\mu_e}{8}\frac{V^2}{d^2} \qquad (2-19)$$

式中，μ_e 为电子迁移率。

2.1.6 电弧放电

如前所述，当辉光放电的电流增加到 1 A 以上时，放电将转换为电弧放电。此时，电极之间的电压降将会降到辉光电压以下。在低压下，这种放电会很不稳定，可能出现具有间断弧光的辉光放电。

（出于实际原因，在实验中很少观测到辉光放电向电弧放电的过渡过程。其原因是，辉光放电使用的直流电源额定电压通常在几千

伏、电流低于 500 mA 范围。对于电弧放电，电源要求电流大于
1 A。此外，一旦形成稳定电弧放电，仅要求很低的电压来维持放
电。因此，用于电弧放电的电源通常额定在 100 V、100 A。当然，
这种考虑的主要因素还是设备费用问题）。

　　电弧放电通常的运行压力高于辉光放电。电弧放电在工业领域
中最普遍的应用是作为高温热源，如等离子体炉。对于这些应用，
电弧放电运行压力在 10 torr 以上，通常称为热电弧。在高压下，碰
撞率足够高，使得电子与离子/原子能够达到热平衡，即它们达到相
同的温度。在低压运行下，热平衡对应的电子温度高于离子/原子温
度。两种电弧放电的机制如图 2-10 所示。

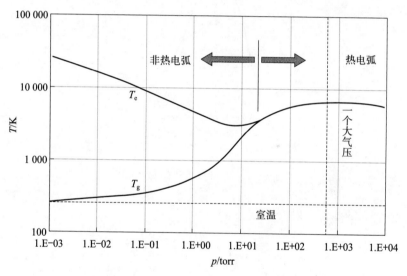

图 2-10　电弧放电的两种机制——热和非热机制

　　由于电弧放电中具有高放电电流，与辉光放电相比，等离子体
柱有两个明显的不同特征。第一是放电电流高，导致等离子体柱的
压缩效应；第二是电极被严重加热，应该通过循环水来制冷。加热
效应导致一些电极材料喷射到等离子体中，从而冷却电极表面附近
的等离子体。由于这种制冷效应，这部分等离子体柱的半径会收缩

到小于等离子体柱的其他部分。

在高压下运行的热电弧放电的一个重要特性是能够达到热力学平衡。这就使得所形成的等离子体可作为黑体辐射体。辐射光谱由普朗克定律描述

$$\frac{\mathrm{d}M_E}{\mathrm{d}\lambda} = \frac{2\pi hc^2}{\lambda^5} \cdot \frac{1}{\exp\left(\dfrac{hc}{kT\lambda}\right)-1} (\mathrm{W \cdot m^{-2} \cdot m^{-1}}) \qquad (2-20)$$

该关系式曲线如图 2-11 所示。

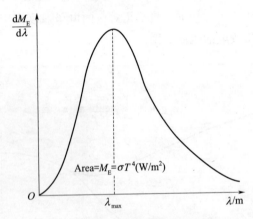

图 2-11　黑体辐射体的发射光谱

它的峰值发射波长为

$$\lambda_{\max} \approx \frac{hc}{5kT}(\mathrm{m}) \approx \frac{2500}{kT(\mathrm{eV})}(\text{Å}) \qquad (2-21)$$

因此，对于 1 eV 温度的电弧放电，黑体的峰值辐射在紫外区。在使用电弧放电热源时，这种辐射可能会产生职业危害。

根据应用对象，电弧放电一般在两种配置下运行，即等离子体炬和等离子体喷雾。等离子体炬用于诸如固体废物处理的等离子体炉。等离子体炬有两种模式，一种基于转移电弧概念，另一种基于非转移电弧概念。等离子体炬的两种模式如图 2-12 所示。在转移电弧模式中，工件作为一个电极，通常连接为接地电位。当工件为

导体材料时，以这种模式运行。通常用于金属材料的切割和熔化。在非转移电弧模式下，在阴极和喷管形式的阳极（接地）之间形成放电。工作气体通过喷管喷出，使所产生的等离子体能够形成高温射流。这种模式也可用于处理绝缘体材料。

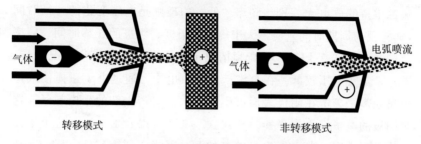

图 2 - 12 两种可能的电弧放电配置模式

由于热电弧放电等离子体据说达到了热力学平衡，气体温度（离子和原子）认为与电子温度相同。其温度有望高达到 20 000 K（＝2 eV）。

等离子体喷涂是非转移模式等离子体炬的一种变体。可以用来在基板上喷涂涂层材料（如陶瓷），或用于熔化并快速固化重金属，如钼或钨或其复合材料，以形成粉末。图 2 - 13 是材料等离子体喷涂设置的一个实例。

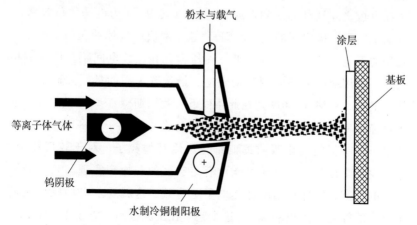

图 2 - 13 采用电弧放电的等离子体喷涂

2.2 AC（射频）放电

对于交流电源供电的气体放电，如果频率较低，则可认为与直流源维持的放电无差别。频率"低"的准则是电压变化的特征时间（通常视为周期时间）应该大于离子从阳极到阴极的迁移时间。频率范围通常低于 1 kHz。在高频情况下，放电特性与直流情况不同。首先，击穿电压较低。在自维持辉光放电中，通过电子碰撞使气体电离和离子轰击在阴极表面产生的二次发射产生新的带电粒子，这与阳极的电子损失相平衡。从式（2-5）可以看出，达到这个平衡时将发生击穿。对于频率足够高的源（可能要到 1 MHz 以上），在阳极的电子损失会较少（甚至变为零损失），因为交变的电场使得一些或者所有电子在接近电极之前发生逆转。尽管离子轰击阴极表面产生的电子也有减少，但阳极电子损失的减少能补偿这部分电子的减少，由于电子随着电场往返运动，电子在等离子体中的驻留时间加长，使得气体的电离增强。在这种情况下，电子损失的主要机制是径向扩散。

如同我们上面所讨论的，最有利于交流供电时的气体放电条件是采用足够高的频率，以保证交变电场引起的电子振荡周期小于电子在电极之间迁移的时间，或 $\omega\tau < 1$（其中，ω 为电场的角频率，τ 为电子在两电极之间的迁移时间）。这也取决于气体的压力，原因是低压力下电子迁移的时间降低。在压力几托、放电间距几厘米的情况下，使用射频范围的频率最合适。最普遍采用的是国际通信协议认可的 13.56 MHz 频率。在此条件下，我们期望 $\omega < \upsilon$（其中，υ 电子碰撞频率）。这意味着，在电场一次振荡中，电子有多次碰撞，以便电子能够将电场中吸收的能量传递给其他粒子。对于较低压力，比如说在毫托范围，电子可能没有足够多的碰撞来实现与其他粒子之间的平衡，因此，集中加热电子更有效。这就要求电场频率接近于电子的等离子体频率 ω_{pe}，这个频率在微波范围（大于 1 GHz）。

射频放电情况下，等离子体在电场变化（通常为正弦变化）周期内将不再"关闭（off）"，尽管电子仍会在电极之间沿着电场变化方向往返运动。其结果是，在电极之间形成稳定的等离子体，如图 2-14 所示。除了每个周期内电极之间的电位分布可能会变化外，等离子体条件与直流放电的等离子体条件类似。

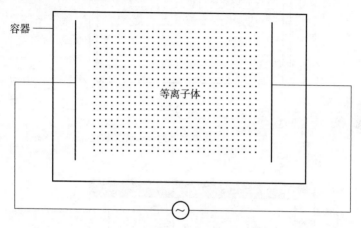

图 2-14　AC 辉光放电的示意图

可以采用两种配置产生射频放电：电容耦合和电感耦合。电容耦合可以采用一组平行板实现，如图 2-14 所示的常规交流辉光放电的平行板。对于射频源，可以通过电极置于等离子体容器之外（图 2-15）而获得无电极放电。这种情况可以消除电极材料对等离子体的污染。

无电极放电也可采用感应耦合配置方式产生。这种配置的一个实例：在玻璃管外缠绕一个长度为 L、半径为 r 的 N 匝的螺线管（图 2-16），通过螺线管中流过的高频电流 I 感应的电场，能够在玻璃管内部产生放电。

在这种情况下，感应电场具有两个分量。一个是沿着螺线管轴线方向的分量（E_z），另一方向为方位方向的分量（E_θ），分别为

$$E_z = \frac{\mu_0 \omega N^2 \pi r^2 I}{L^2} \text{ 和 } E_\theta = \frac{\mu_0 \omega N r I}{2L}$$

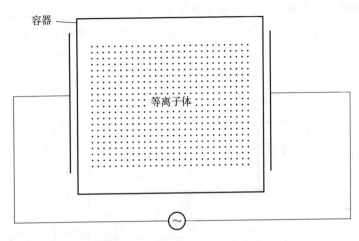

图 2-15　感应方式的 AC 辉光放电

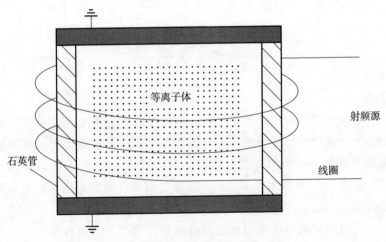

图 2-16　采用螺线管的感应耦合放电

　　一般条件下，$E_z > E_\theta$，直至方位方向发生击穿为止，E_z 将被环形等离子体流感应的场所减小。

　　另外一种形式的感应耦合等离子体放电系统是采用平面线圈替代圆柱形螺线管。平面线圈放置在放电容器的外面，通常用石英的介质窗口分隔。这类系统的一个实例如图 2-17 所示。

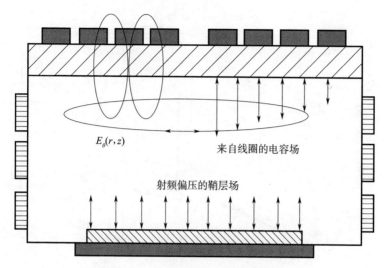

$E_\theta(r, z)$

来自线圈的电容场

射频偏压的鞘层场

图 2 - 17　平面线圈感应耦合等离子体

在这种配置中，我们用 $E_\theta(r, z)$ 代替 E_z 和 E_θ。电容场和环形场的表达式比较复杂，这里不再讨论。但是，两种情况（圆柱螺线管和平面）的工作原理是相同的。当输入的射频功率逐渐增加时，由于线圈产生的电容场会使放电发生击穿。因此，对于低射频功率，放电在电容场方向上，或者说是在 E 模式下运行。当功率提升到足够高的水平时，将发生方位方向上的击穿。与轴向放电相比，方位角方向的放电能够引起更高的电流，它充当变压器的单回路次级线圈，而螺线管为初级线圈。这种情况为 H 模式运行。从 E 模式向 H 模式的转换通常是瞬间完成的，且可以清晰地观测到。此时生成的等离子体密度比 E 模式运行时的电子密度要高几个数量级。这种现象可以通过离子组分特定辐射谱线的光谱测量实验观测到。图 2 - 18[2] 给出的是氩气放电中 Ar^+ 的 394.6 nm 谱线突增的一个实例，这个谱线强度的突增是由于 Ar^+ 组分数密度突增引起的，而该组分数密度突增是由于从 E 模式向 H 模式转换过程中的等离子体电子温度突增导致。

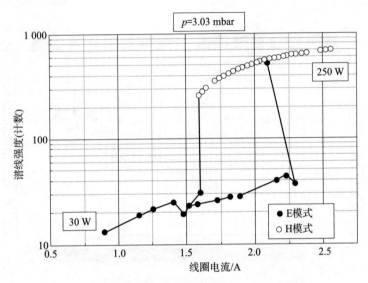

图 2-18　从 E 模式向 H 模式转换过程中的谱线突增

在射频放电电路设计中的关键问题是如何将射频功率高效地耦合到等离子体中。这个问题可以通过一个匹配网络将射频电源连接到负载（平行板电极为电容负载，柱形螺线管或平面线圈为电感负载）来解决。通常，等离子体负载可以考虑为电感 L、电容 C 和电阻 R 的组合。在射频电路中，我们可以定义负载的导纳为 $Y = G + jB$，式中 G 为电导，B 为电纳。其中

$$G = \frac{R}{R^2 + (X_C + X_L)^2}$$

由于 $X_C = \dfrac{1}{\omega C}$，$X_L = \omega C$，则

$$B = \frac{X_C + X_L}{R^2 + (X_C + X_L)^2}$$

这个负载可以采用 $R_T = 1/G$ 和 $C_T = -B/\omega$ 的射频电源来匹配。对于电容耦合放电，可以用图 2-19 所示的一个电容器和一个电阻器串联电路来表示。可以采用以下参数实现匹配

$$C = \frac{1}{\omega} \left(\frac{1}{R_T R_p} - \frac{1}{R_T^2} \right)^{\frac{1}{2}} \text{ 和 } L = \frac{1}{\omega} \left[(R_p R_T - R_p^2)^{\frac{1}{2}} - \frac{1}{\omega C_p} \right]$$

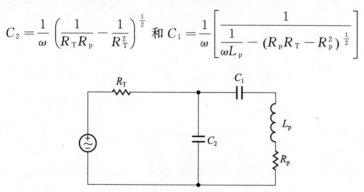

图 2-19　电容耦合放电的匹配网络

对于感应耦合等离子体，可以用图 2-20 所示的感抗和阻抗的串联来表示。对这种情况，采用以下参数实现匹配

$$C_2 = \frac{1}{\omega} \left(\frac{1}{R_T R_p} - \frac{1}{R_T^2} \right)^{\frac{1}{2}} \text{ 和 } C_1 = \frac{1}{\omega} \left[\frac{1}{\frac{1}{\omega L_p} - (R_p R_T - R_p^2)^{\frac{1}{2}}} \right]$$

图 2-20　感应耦合放电的匹配网络

感应耦合等离子体的另外一种类型匹配网络是仅采用 C_1 代替上述的 C_1 和 C_2。这种情况下，C 和 L_p 构成了一个 LC 谐振电路，当 $\omega L_p = \frac{1}{\omega C}$ 时达到最大电流。对于这种情况，$B=0$ 且 $Y=G=1/R_p$。为了使电路匹配，要求 $R_T = R_p$。但是，由于 R_p 通常随等离子体条件而变化，这个要求很难满足。对于 E 模式的放电，R_p 通常很小，可以忽略不计，因此必须通过平衡 X_L 和 X_C（变化 C）来匹配，以便净阻抗等于 R_T。如果我们希望尽可能产生接近于谐振峰值的放电

电流，则要求 R_T 尽可能的低。通常采用的 50 Ω 输出阻抗的射频电源在这种情况下将不再适用。适合这种情况下的电源阻抗应该尽可能低，可能需要 1 Ω 或者更低。这个问题的一种解决方案是在射频发生器和 LC 电路之间增加一个降压变压器，为发生器提供一个等效的低输出阻抗。这种方法对于 E 模式放电效果很好。但是，对于 H 模式放电，R_p 可能更高，必须通过保持 $\omega L_p = 1/\omega C$ 来实现匹配，同时将源阻抗调整为等于 R_p。这是很难实现的，而图 2-21 中的电路或许更合适。

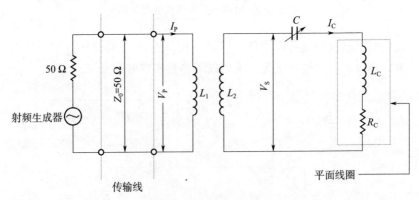

图 2-21　采用谐振电路感应耦合放电的匹配网络

　　由射频电源供电的等离子体炬也可采用感应耦合配置来生成。这种等离子体源最常见的应用是通过光谱法进行元素分析。用于这种目的的设备通常称为"ICP"，实际含义是感应耦合等离子体。等离子体的生成通过加热环形线圈内部流过的气体来实现。待分析的样品可以是气态和液态形式的，样品被加热形成蒸汽通过等离子体炬流出。

2.3　微波加热等离子体

　　微波是频率在 1～300 GHz，分别对应波长 30 cm～1 mm 频谱范围的电磁波。这是与电子密度 $1 \times 10^{10} \sim 1 \times 10^{15}$ cm^{-3} 范围等离子

体相对应的电子等离子体频率范围。因此，当采用微波加热这个密度范围的等离子体时，微波不是被个别电子吸收而是被整体的电子所吸收。相比于单粒子加热（如直流或射频放电），在微波加热中，电子通过直接吸收微波能量而获得能量并将其转换为动能。

假定微波可以用以下波动方程来描述

$$E = E_0 \exp[i(\boldsymbol{\kappa} \cdot \boldsymbol{r} - \omega t)] \tag{2-22}$$

式中，E 为幅度 E_0 的电场；$\boldsymbol{\kappa}$ 为波矢量；$\boldsymbol{r}$ 为位置矢量；ω 为波的角频率。电子的能量吸收率可由下式表示

$$P = \frac{n_e \cdot e^2 \cdot E_0^2}{2m_e \cdot \nu} \cdot \left[\frac{1}{1 + \left(\dfrac{\omega}{\nu}\right)^2}\right] \tag{2-23}$$

式中，ν 为电子与原子/离子之间的碰撞频率；n_e 为电子数密度；m_e 为电子质量。可以看出，当 $\omega \ll \nu$ 时，P 为最大值。这就要求等离子体密度不应该太低。图 2-22 是采用这种等离子体加热方法的典型配置示意图。

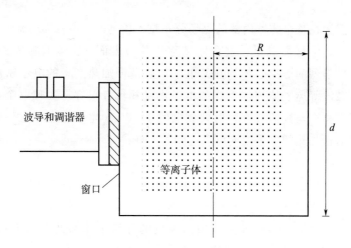

图 2-22　微波加热等离子体的简单系统示意图

微波功率通过谐振腔或多模腔配置耦合到容器内的气体中。在谐振腔配置中，谐振腔尺度 R 和 d 的选择应等于微波的波长，即

$R = \lambda$ 和 $d = \lambda$ ，其中 $\lambda = 2\pi c/\omega$ 。在多模腔配置中，应满足条件 $R > \lambda$ 和 $d > \lambda$ 。多模配置生成的等离子体会更均匀。

对于低密度等离子体，$\omega > \nu$ ，可以通过施加外部磁场增强微波对电子的加热。如果外部磁场平行于波的传播方向，波将变为圆极化，左旋圆极化和右旋圆极化。电子吸收的波能量可以表示为两个分量，即 $P = P_R + P_L$ ，其中

$$P_R = \frac{n_e \cdot e^2 \cdot E_0^2}{2m_e \cdot \nu} \cdot \frac{1}{2} \left(\frac{1}{1 + \left(\dfrac{\omega - \omega_{ce}}{\nu} \right)^2} \right) \quad (右旋波) \quad (2-24)$$

$$P_L = \frac{n_e \cdot e^2 \cdot E_0^2}{2m_e \cdot \nu} \cdot \frac{1}{2} \left(\frac{1}{1 + \left(\dfrac{\omega + \omega_{ce}}{\nu} \right)^2} \right) \quad (左旋波) \quad (2-25)$$

其中，ω_{ce} 为是磁化等离子体的电子回旋频率，$\omega_{ce} = eB/m_e$ 。因此，可以看出，当波的频率与电子回旋频率相同，即 $\omega = \omega_{ce}$ 时，电子吸收的微波能量出现最大值。这就是众所周知的电子回旋谐振（ECR）加热。

因为在整个容器内部的磁场分布是不均匀的，条件 $\omega = \omega_{ce}$ 可能只在一定区域内满足，这个区域称为共振表面。在该共振表面内，将发生强烈的等离子体加热。电子回旋谐振加热产生的电子密度与一般微波等离子体加热生成的电子密度相比，很容易实现一个数量级的提高。与其他直流和射频放电的 $1 \sim 2$ eV 电子温度相比，电子回旋谐振加热的电子温度可以达到 $5 \sim 10$ eV。

2.4　脉冲等离子体放电

通过直流、射频或微波加热生成的等离子体都处于稳定状态。这些等离子体的电子温度均低于 10 eV，电子密度低于 10^{15} cm^{-3}。为了生成更热、更密的等离子体，要求具有生成更高功率密度的电源能力。这个要求可以通过电容器放电实现，此时，能量首先存贮在电容器内，然后通过气体放电产生等离子体。功率密度能够很容

易达到 10^{18} W/m³ 或者更高。生成的等离子体能够达到接近熔融等离子体的条件。

驱动脉冲等离子体放电最简单的技术是电容器放电系统。在这种情况下，电容器 C 充电至高电压 V，使电容器中存储的能量为 $\dfrac{1}{2}CV^2$。该能量通过一个开关转换到等离子体负载上。这种电容器放电系统原理电路如图 2-23 所示。

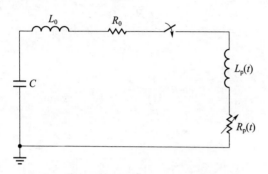

图 2-23　电容器放电电路的原理图

在这个电路中，等离子体用串联的一个时变电感 $L_p(t)$ 和一个电阻 $R_p(t)$ 来表示，L_0 和 R_0 是电路中的杂散电感和电阻。杂散电感和电阻可能来自连接各种元件的电缆以及开关，使用的电容器和电容器组也有内部电感，所有这些集中到一起用 L_0 和 R_0 来表示。该电路代表了一个典型的 LCR 电路，其电路方程可以写为

$$V_0 = \frac{\mathrm{d}}{\mathrm{d}t}(LI) + IR + \frac{\int I\,\mathrm{d}t}{C} = \left(L_0\,\frac{\mathrm{d}I}{\mathrm{d}t} + IR_0 + \frac{\int I\,\mathrm{d}t}{C} \right) + V_p$$

$$(2-26)$$

其中

$$L = L_0 + L_p \qquad R = R_0 + R_p$$

等离子体两端的电压为

$$V_p = \frac{\mathrm{d}}{\mathrm{d}t}(L_p I) + IR_p$$

式（2-26）可以写成以下形式

$$\frac{\mathrm{d}^2 I}{\mathrm{d}t^2} + \frac{R}{L}\frac{\mathrm{d}I}{\mathrm{d}t} + \frac{1}{LC} = 0$$

该方程有以下形式的通解

$$I(t) = [A\exp(nt) + B\exp(-nt)]\exp\left(-\frac{R}{2L}t\right) \qquad (2-27)$$

其中

$$n = \sqrt{\left(\frac{R}{2L}\right)^2 - \frac{1}{LC}}$$

定义标量参数

$$\alpha = \frac{R}{\sqrt{\dfrac{L}{C}}} = R\sqrt{\frac{C}{L}}$$

则

$$n = \sqrt{\omega^2\left[\left(\frac{\alpha}{2}\right)^2 - 1\right]}$$

可以看出，当 $\alpha < 2$、$\alpha = 2$ 和 $\alpha > 2$ 时，n 分别为虚数、零和实数。

$I(t)$ 依赖 n 的不同而具有以下三种完全不同的形式。

（1）n 为虚数或 $\alpha < 2$

在这种情况下，其解为

$$I(t) = \frac{V_0}{\omega L}\sin\omega t\exp\left(-\frac{R}{2L}t\right)$$

这里，对于 $\alpha < 2$ 有 $\omega \approx \sqrt{(-1)}n$。电流波形是一个角频率为 ω 和阻尼时间常数为 $2L/R$ 的阻尼正弦波。这时称振荡是弱阻尼。

（2）$n = 0$ 或 $\alpha = 2$

在这种情况下，其解变为

$$I(t) = \frac{V_0}{L}t\exp\left(-\frac{R}{2L}t\right)$$

这是时间常数为 $2L/R$ 的衰减波形，是电流衰减到零的最短时间。这种振荡波形称为临界阻尼。

（3）n 为 实数 或 $\alpha > 2$

在这种情况下，其解变为

$$I(t) = \frac{V_0}{nL}\sinh(nt)\exp\left(-\frac{R}{2L}t\right)$$

这是时间常数大于 $2L/R$ 的衰减波形。这种振荡波形称为过阻尼。

原理上，对于加热等离子体，临界阻尼放电是最理想的。但是，等离子体阻抗是随时间变化的，维持临界阻尼放电状态的匹配条件很困难。对于高温等离子体，通常等离子体的电阻很低，等离子体可以仅用电感来描述。这种情况下，放电可以用弱阻尼来表达。此外，在高压脉冲放电下，等离子体的电阻足够高，有可能达到临界阻尼放电的条件。高压闪光灯就是这样的实例。

2.4.1 高压闪光灯的脉冲弧光放电

高压闪光灯是一种普遍用于光源中的高能弧光放电。这种应用之一是将线性闪光灯用于泵浦固态激光器（如红宝石激光器）或染色激光器。

图 2 - 24 是一种线性闪光灯的实例。

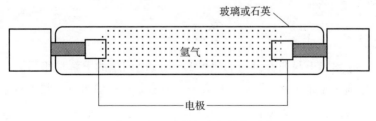

图 2 - 24　线性闪光灯示意图

闪光灯放电的原理电路图与图 2 - 23 类似，只是现在需要将等离子体用一个固定的电感（未知的）和一个电阻（固定的或时变的）来表示。

现在，我们将闪光灯的固定电感和电路的杂散电感合并为 L，

同时假定电路中的杂散电阻可以忽略不计。因此，电路方程可以写为

$$V_0 = \frac{\int I\,dt}{C} + L\,\frac{dI}{dt} + V_p \tag{2-28}$$

其中

$$L = L_0 + L_p$$

L 为常量。等离子体两端的电压为

$$V_p(t) = IR_p + L_p\,\frac{dI}{dt}$$

可以将式（2-28）归一化并求解 $I(t)$。可以定义

$$\iota = \frac{I}{I_0},\quad \tau = \frac{t}{t_0}$$

其中

$$I_0 = V_0\sqrt{\frac{C}{L}}\ ,\quad t_0 = \sqrt{LC}$$

式（2-28）的归一化形式为

$$\frac{d\iota}{d\tau} + \alpha\iota + \int\iota\,d\tau = 1 \tag{2-29}$$

其中

$$\alpha = \frac{R_p}{Z_0}\ ,\quad Z_0 = \sqrt{\frac{L}{C}}$$

这实际上与前面讨论的理想 LCR 放电问题的求解是相同的，即通过选择 α 小于 2、等于 2 和大于 2 而分别得到弱阻尼、临界阻尼和过阻尼的解。边界条件是 $\tau = 0$，$\iota = 0$，$\int\iota\,d\tau = 0$，$d\iota/d\tau = 1$。三种情况下的解如图 2-25 所示。

很明显，如果希望获得一个最优强度和最短脉冲宽度的闪光，最好运行在临界阻尼条件下。对于弱阻尼闪光灯放电，输出的光脉冲会拖着一个长尾巴，如同图 2-26 所示，在光强度中可以观测到几个峰[3]。

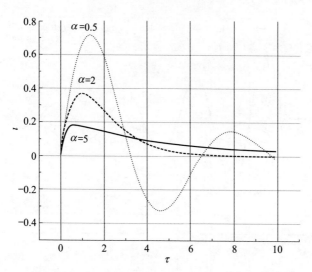

图 2 - 25　弱阻尼（$\alpha < 2$）、临界阻尼（$\alpha = 2$）和过阻尼（$\alpha > 2$）
LCR 放电的电流波形

　　需要注意的是，在上述的讨论中，我们假定闪光灯的电阻为常量。在实际情况下已经发现，电阻取决于放电电流。根据经验确定，闪光灯两端的电压可以表达为 $V_p = \pm k_0 \sqrt{|I|}$，其中 k_0 通常称为闪光灯常数，即

$$k_0 = 1.28 \left(\frac{l}{d} \right) \left(\frac{P}{X} \right)^{\frac{1}{5}} \qquad (2 - 30)$$

式中，X 为气体常数（根据经验，氙为 450，氪为 805）；l 为闪光灯长度；d 为闪光灯直径；P 为闪光灯内的气体压力。

　　因此，电路方程可写为

$$V_0 = \frac{\int I \, dt}{C} + L_0 \frac{dI}{dt} + k_0 \sqrt{|I|} \qquad (2 - 31)$$

归一化形式变为

$$\frac{d\iota}{d\tau} \pm \alpha \, |\iota|^{\frac{1}{2}} + \int \iota \, d\tau = 1 \text{（当 ι 为正时取正号，ι 为负时取负号）}$$

$$(2 - 32)$$

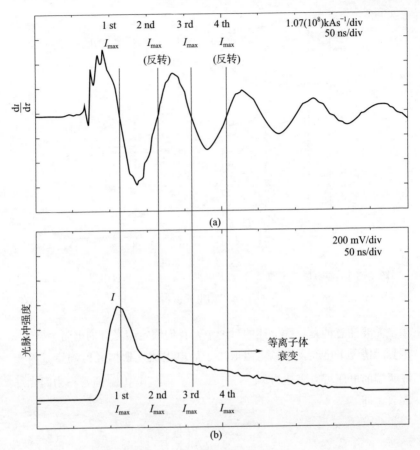

图 2 - 26　由弱阻尼 LCR 放电供电的闪光灯输出光的实例

［复制于文献［3］，Copyright（1989），经 AIP 许可］

其中，α 为阻尼因子，$\alpha = k_0 / \sqrt{V_0 Z_0}$。图 2 - 27 是当 $\alpha = 0.2$、$\alpha = 0.8$ 和 $\alpha = 2$ 时获得解的实例。可以看出，$\alpha = 0.8$ 时对应临界阻尼情况。

2.4.2　感应模式的脉冲放电——激波加热

在上述的闪光灯放电中，等离子体是通过焦耳加热效应加热的。在这种情况下，放电用电阻模型来描述，等离子体用一个电阻来表

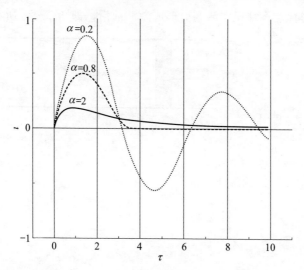

图 2 - 27　在弱阻尼（$\alpha < 0.8$）、临界阻尼（$\alpha = 0.8$）和过阻尼（$\alpha > 0.8$）

条件下闪光灯放电的解

示，它的电感假定为常数或忽略不计。这是由于放电产生的等离子体柱具有特定的几何形状。在某些情况下，例如，电磁激波管或等离子体箍缩，让电流在一个薄层中流动，并通过自身的电磁力（$\boldsymbol{J} \times \boldsymbol{B}$ 力）将其驱动为超声速，从而可产生激波加热的等离子体柱。这种放电可以用感应模型来建模，其中，等离子体用一个时变的电感来描述。时变的电感是因为电感的几何特征动态变化。

　　我们来考虑两种的激波加热动力学：一种是电磁激波管，此时的电流薄层沿轴向运动；另一种是箍缩（Z -箍缩和 θ -箍缩），此时，电流在径向上朝等离子体柱的轴向运动。我们在讨论这些等离子体设备之前，先讨论一下激波加热效应。

2.4.2.1　激波加热等离子体

　　激波加热是等离子体中的粒子被驱动到超声速的现象。通常，每种介质都有一个信息传输的特征速度。空气中的声速就是一个例子。如果活塞被加速到超过声音的速度，称为达到了超声速，由活塞产生的扰动将堆积在活塞前形成激波前沿，如图 2 - 28 所示。

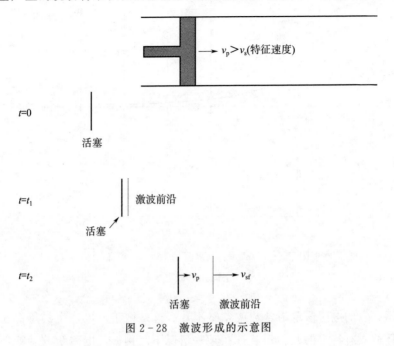

图 2 - 28　激波形成的示意图

　　激波前沿是超声速活塞前面形成的虚拟边界，它将激波加热的气体或等离子体与周围分隔开。在激波前沿前面的粒子是未被扰动的，而激波前沿后面的粒子被活塞推动到活塞的速度，称为被激波加热。在活塞和激波前沿之间的激波热气体层会变厚，形成等离子体。

　　在激波前沿参照系（随激波前沿一起运动的参照系）下，右边的气体处于环境温度，而左边的气体被激波加热。

$$q_2 \leftarrow \quad\quad \leftarrow q_1$$
$$P_2, \rho_2, T_2, h_2 \mid P_1, \rho_1, T_1, h_1$$

其中

$$q_1 = \nu_{sf}$$

$$q_2 = \nu_{sf} - \nu_p$$

对于这个系统，我们可以写出

$$\rho_2 q_2 = \rho_1 q_1 \text{（激波前后的质量守恒）} \tag{2-33}$$

$$\rho_2 q_2^2 + P_2 = \rho_1 q_1^2 + P_1 \text{（激波前后的动量守恒）} \tag{2-34}$$

$$\rho_2 q_2 \left(\frac{1}{2} q_2^2 + h_2 \right) = \rho_1 q_1 \left(\frac{1}{2} q_1^2 + h_1 \right) \text{（能量守恒）} \tag{2-35}$$

这三个方程称为激波跃变方程。另外两个相关方程是

$$P_2 = \rho_2 \frac{R_0}{M} T_2 (1 + \alpha_1 + 2\alpha_2 + \cdots) \text{（状态方程）} \tag{2-36}$$

$$h_2 = \frac{\gamma}{\gamma - 1} \frac{P_2}{\rho_2} \text{（焓）} \tag{2-37}$$

讨论具有下列条件的强激波是很有用的

$$P_2 \gg P_1$$

$$h_2 \gg h_1$$

这时式（2-34）和式（2-35）可以简化为

$$\rho_2 q_2^2 + P_2 = \rho_1 q_1^2 \tag{2-38}$$

$$\rho_2 q_2 \left(\frac{1}{2} q_2^2 + h_2 \right) = \rho_1 q_1 \left(\frac{1}{2} \rho_1^2 \right) \rightarrow \left(\frac{1}{2} q_2^2 + h_2 \right) = \left(\frac{1}{2} \rho_1^2 \right) \tag{2-39}$$

现在，我们定义密度比 $\Gamma = \rho_2 / \rho_1 = q_1 / q_2$ 并将式（2-37）中的 h_2 代入到式（2-39）中，则

$$\frac{1}{2} q_2^2 + \frac{\gamma}{\gamma - 1} \frac{P_2}{\rho_2} = \frac{1}{2} q_1^2$$

$$\therefore \frac{P_2}{\rho_2} = \left(\frac{\gamma - 1}{\gamma} \right) \frac{1}{2} (q_1^2 - q_2^2)$$

$$= \frac{1}{2} \left(\frac{\gamma - 1}{\gamma} \right) q_1^2 \left[1 - \left(\frac{q_2}{q_1} \right)^2 \right] \tag{2-40}$$

$$= \frac{1}{2} \left(\frac{\gamma - 1}{\gamma} \right) q_1^2 \left[1 - \left(\frac{1}{\Gamma} \right)^2 \right]$$

$$\frac{P_2}{\rho_2} = \frac{1}{2} \left(\frac{\gamma - 1}{\gamma} \right) q_1^2 \left(\frac{\Gamma^2 - 1}{\Gamma^2} \right)$$

另外，根据式（2-38）有

$$P_2 = \rho_1 q_1^2 - \rho_2 q_2^2 = \rho_2 q_2^2 \left(\frac{\rho_1 q_1^2}{\rho_2 q_2^2} - 1 \right)$$

$$\therefore \frac{P_2}{\rho_2} = q_2^2 (\Gamma - 1) = q_1^2 \left(\frac{q_2^2}{q_1^2} \right) (\Gamma - 1) = q_1^2 \left(\frac{\Gamma - 1}{\Gamma^2} \right)$$

$$(2 - 41)$$

将式（2-40）和式（2-41）合并，有

$$\frac{1}{2} \left(\frac{\gamma - 1}{\gamma} \right) \left(\frac{\Gamma^2 - 1}{\Gamma^2} \right) = \frac{\Gamma - 1}{\Gamma^2}$$

$$\frac{1}{2} \left(\frac{\gamma - 1}{\gamma} \right) (\Gamma + 1)(\Gamma - 1) = \Gamma - 1$$

$$\Gamma = \frac{2\gamma}{\gamma - 1} - 1$$

因此

$$\Gamma = \frac{\gamma + 1}{\gamma - 1} \qquad (2 - 42)$$

这是强激波最重要的结果，将密度比和比热比相互关联。根据状态方程，我们也可得到

$$\frac{P_2}{\rho_2} = \frac{R_0 T_2 z}{M}$$

式中，z 为偏离系数，$z = 1 + \alpha_1 + 2\alpha_2 + \cdots$。

将式（2-41）和式（2-42）合并，可以得到

$$T_2 = \left(\frac{M}{R_0} \right) \frac{2(\gamma - 1)}{(\gamma + 1)^2 z} q_1^2 \qquad (2 - 43)$$

这将激波加热等离子体的温度与激波速度相关联。

激波加热等离子体的单位质量的动能为

$$k_2 = \frac{1}{2} v_p^2 = \frac{1}{2} (q_1 - q_2)^2 = \frac{1}{2} q_1^2 \left(1 - \frac{1}{\Gamma} \right)^2$$

从式（2-39）得到单位质量的焓为

$$h_2 = \frac{1}{2} (q_1^2 - q_2^2) = \frac{1}{2} q_1^2 \left(1 - \frac{1}{\Gamma^2} \right)$$

因此，焓与动能之比为

$$\frac{h_2}{k_2} = \frac{1 - \dfrac{1}{\Gamma^2}}{\left(1 - \dfrac{1}{\Gamma}\right)^2} = \frac{\Gamma + 1}{\Gamma - 1}$$

用式（2-42）替换 Γ，则

$$\frac{h_2}{k_2} = \gamma \tag{2-44}$$

这表明在强激波加热等离子体中，焓等于比热比乘以动能。

让我们来考虑强激波加热完全电离态的氢等离子体的例子。对于这样的等离子体，有 $\gamma = 5/3$，$\chi = 0$，$\alpha = 1$，因此，$z = 1 + \chi + 3\alpha = 4$。

对于这种完全电离的氢等离子体，可以假定焓近似等于电离势，即等于 15.9 eV（每个氢原子仅电离一个电子）。而对于每个氢原子，当它被活塞推动到速度 v_p 时的动能为

$$k = \frac{1}{2} \times 1.67 \times 10^{-27} v_p^2 \approx 5.3 \times 10^{-9} v_p^2 \text{（单位为 eV）}$$

根据式（2-44），有 $15.9 = \dfrac{5}{3}(5.3 \times 10^{-9} v_p^2)$，因此，$v_p = 4.3 \times 10^4$ m/s。

这表明，氢气必须被驱动到速度为 4.3×10^4 m/s 时才能达到完全电离。

对应于该活塞的激波前沿速度为

$$v_{sf} = q_1 = q_2 + v_p = \frac{q_1}{\Gamma} + v_p$$

因此

$$q_1 = \frac{v_p}{\left(1 - \dfrac{1}{\Gamma}\right)} = \frac{\Gamma}{\Gamma - 1} v_p = \left(\frac{\gamma + 1}{2}\right) v_p$$

对于 $\gamma = 5/3$，$q_1 = v_{sf} \approx \dfrac{4}{3} v_p = 5.7 \times 10^4$ m/s。

通过式（2-43）也可计算出等离子体温度为

$$T_2 = \left(\frac{M}{R_0}\right)\frac{2(\gamma-1)q_1^2}{(\gamma+1)^2 z} = \frac{3}{64}\left(\frac{M}{R_0}\right)q_1^2$$

2.4.2.2　以激波加热作为等离子体加热机制的脉冲等离子体系统

以激波加热作为运行机制的脉冲等离子体系统有多种,包括电磁激波管、Z-箍缩和 θ-箍缩。

(1) 电磁激波管

如图 2-29 所示,在电磁激波管中,放电从后壁面开始,穿过同轴电极之间的圆柱形绝缘体均匀地形成电流薄层。

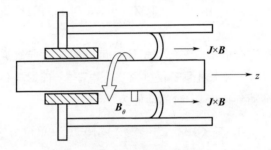

图 2-29　电磁激波管原理图

电流薄层起到电磁活塞的作用,它首先沿着绝缘体表面形成。它会通过自身的电磁力(或 $J \times B$ 力)从绝缘体表面向外推到外电极的内表面。方位向的磁场 B_θ 由轴向放电电流自身生成,由下式给出

$$B_\theta = \frac{\mu I}{2\pi r}$$

B_θ 是时间和径向位置 r 的函数。可以看出,内电极表面的磁场大小要强于外电极的内表面。这就会产生电磁活塞的倾斜结构,如图 2-29 所示。$J \times B$ 力在管的下游方向(z 方向),其大小为

$$\int_a^b \frac{B_\theta^2}{2\mu} 2\pi r \, \mathrm{d}r$$

其中,a 为内电极的半径;b 为外电极的半径。这个力将驱动电磁活塞到超声速,以便形成激波加热的等离子体层。以这种方法,放电

电流能够达到 100 kA，活塞速度高于 10×10^4 m/s，这将足以生成完全电离的氢等离子体。

（2）Z-箍缩和 θ-箍缩

在线性 Z-箍缩中，电磁活塞是圆柱形，而 $\boldsymbol{J} \times \boldsymbol{B}$ 力在图 2-30 所示的径向方向。这里仍然有 $\boldsymbol{B}_\theta = \dfrac{\mu \boldsymbol{I}}{2\pi r}$，这里 r 是时变的，$\boldsymbol{J} \times \boldsymbol{B}$ 力为

$$F_{\mathrm{m}} = \frac{B_\theta^2}{2\mu}(2\pi r l)$$

箍缩的另一种配置是 θ-箍缩，与 Z-箍缩不同的是，放电电流方向被感应到 θ 方向，而自身磁场在 z 方向。合成效果也是径向向内方向的 $\boldsymbol{J} \times \boldsymbol{B}$ 力。如图 2-30 所示，为便于比较，将其与 Z-箍缩放到同一幅图中。

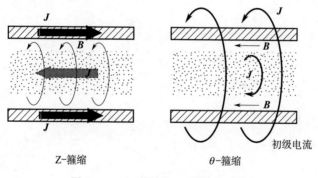

图 2-30　Z-箍缩和 θ-箍缩的形成

参 考 文 献

［1］　Weston GF（1968）Cold cathode glow discharge tubes（Chap. 1）. ILIFFE Books Ltd，London.

［2］　Yip Cheong K（1997）Studies on a planar coil inductively coupled plasma system and its applications. MSc Thesis，University of Malaya.

［3］　Chin OH，Wong CS（1989）A simple monochromatic spark discharge light source. Rev Sci Instrum 60：3818－3819.

一般参考资料

［4］　Grey MC（1965）Fundamentals of electrical discharges in gases，part 1，vol 2. In：Beck AH（ed）Handbook of vacuum physics. Bergamon Press，Oxford.

［5］　Reece RJ（1995）Industrial plasma engineering. Principles，vol 1. IOP Publishing Ltd，London.

第3章　等离子体诊断技术

摘　要　在本章中，将描述一些用于研究各种等离子体的基本诊断技术，包括电特性测量（放电电流和等离子体两端的电压）、光谱测量、朗缪尔（电）探针、X射线与中子测量。

关键词　等离子体；诊断

3.1　电特性测量

在等离子体聚焦和真空火花等许多等离子体装置中，等离子体加热都是通过强脉冲穿过等离子体实现的。涉及的加热机制可能是磁压缩（本质上是电感）和/或焦耳加热（电阻）。无论哪种情况，都可以将等离子体考虑为放电电路中的一个有源元件，它的电特性可以用一个可变电阻或一个可变电感的组合来表示。这个概念如图 3-1 所示。

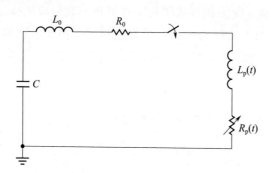

图 3-1　由电容器放电供电的脉冲等离子体放电电路原理图

在这个电路中，能量最初贮存在电容器 C 中 。当接通开关时，电容器通过电路放电。等离子体条件对放电电流有显著的影响，放电电流的测量能够给出放电过程中等离子体条件的动态变化信息。类似地，等离子体两端的瞬态电压也与等离子体条件直接相关。综合评估电流与电压波形测量结果，通常可以满足脉冲等离子体装置动态特性研究的需要。

3.1.1　采用罗戈夫斯基线圈测量脉冲电流

罗戈夫斯基线圈是一个弯曲成环绕电流的圆环形状的多匝螺线管，如图 3-2 所示。

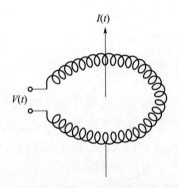

图 3-2　用于测量脉冲放电电流的罗戈夫斯基线圈

为了理解罗戈夫斯基线圈的工作原理，我们假定待测量的电流 $I(t)$ 通过环形大截面的中心这种理想情况。因此，根据安培定律，由环形大截面轴线上电流感应的磁场为

$$B(t) = \frac{\mu_0 I}{2\pi a} \qquad (3-1)$$

因此，穿过环形大截面的磁通量为

$$\phi(t) = \left(\frac{\mu_0 A}{2\pi a}\right) I(t) \qquad (3-2)$$

线圈两端感应的电压为

$$V(t) = \left(\frac{\mu_0 A N}{2\pi a}\right) \frac{\mathrm{d}I}{\mathrm{d}t} \qquad (3-3)$$

上述式中，N 为匝数；A 为小截面面积；a 为线圈大半径。

可以看出，感应电压与电流的变化成正比，并不是与电流本身大小成正比。为了获得 $I(t)$，必须对线圈输出电压积分。这可以通过两种方法来实现。

3.1.1.1　使用无源积分器积分

通过图 3 - 3 所示的等效电路中的简单的无源 RC 积分器积分可以得到线圈输出电压。

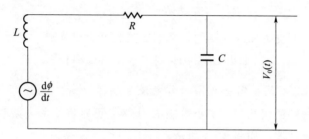

图 3 - 3　带有 RC 积分器的罗戈夫斯基电路原理图

用一个电感来表示罗戈夫斯基线圈。电路方程可以写为

$$V(t) = \frac{\mathrm{d}\phi}{\mathrm{d}t} = L\,\frac{\mathrm{d}i}{\mathrm{d}t} + iR + \frac{1}{C}\int_0^1 i\,\mathrm{d}t \qquad (3-4)$$

式中，i 为线圈回路中流动的感应电流。假定 $R \gg L\omega$，则

$$V(t) = iR + \frac{1}{C}\int_0^1 i\,\mathrm{d}t \qquad (3-5)$$

进一步假定，选择的 RC 比等离子体事件的特征时间大很多，则可以得到

$$V(t) \approx iR \Rightarrow i \approx \frac{V(t)}{R} = \left(\frac{\mu_0 A N}{2\pi a}\right)\frac{\mathrm{d}I}{\mathrm{d}t}\,\frac{1}{R}$$

在 C 两端测量积分的线圈输出，由下式给出

$$V_0(t) \approx \frac{1}{C}\int_0^t i\,\mathrm{d}t = \frac{\mu_0 N A}{2\pi a R}I(t) \propto I(t) \qquad (3-6)$$

表明它直接正比于放电电流本身。

对于这种操作模式，罗戈夫斯基线圈的频率下限为

$$f > \frac{1}{RC} \tag{3-7}$$

而它的上限通过下面的事实来设置，即通常需要用 50Ω 的同轴电缆将线圈连接到 RC 积分器，然后直接将其连接到示波器输出。在这种情况下，在连接到 RC 积分器之前，同轴电缆通过一个 50Ω 的电阻器接地。要求 $\omega L < 50$。这就产生了一个罗戈夫斯基线圈的频率上限为

$$f < \frac{50}{2\pi L} \text{ 或简化为 } \quad f < \frac{50}{L} \tag{3-8}$$

这个罗戈夫斯基线圈的频率响应限制可能很苛刻，因为

如果 $L \sim \mu H$ 则　　$f < 50 \text{ MHz}$

3.1.1.2　罗戈夫斯基线圈用作电流互感器

将线圈的两端与一个小电阻 R 短接，可以将罗戈夫斯基线圈用作电流互感器，如图 3-4 所示。

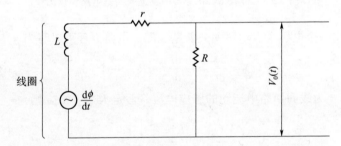

图 3-4　罗戈夫斯基线圈用作电流互感器的电路原理图

这种情况下的电路方程为

$$V(t) = L \frac{\mathrm{d}i}{\mathrm{d}t} + i(r + R) \tag{3-9}$$

式中，r 是线圈的内阻，通常是可忽略的，L 为线圈的电感。如果 R 选择为很小，即 $(r + R) \ll \omega L$，则

$$V(t) = L \frac{\mathrm{d}i}{\mathrm{d}t} = \frac{\mathrm{d}\phi}{\mathrm{d}t} \tag{3-10}$$

因此

$$i(t) = \frac{1}{L}\int_0^t V(t)\mathrm{d}t = \frac{\phi}{L} \qquad (3-11)$$

由于

$$\phi = \frac{\mu_0 NAI(t)}{2\pi aR}$$

和

$$L = \frac{\mu_0 N^2 A}{2\pi aR}$$

则有

$$V_0(t) = iR = \frac{R}{N}I(t) \qquad (3-12)$$

这就是 R 两端测量的输出电压。

原理上，作为电流互感器工作的罗戈夫斯基线圈，其频率响应仅受电信号沿线圈长度（由 $2\pi a$ 确定）的传播时间所限制。沿线圈的传输时间为

$$\tau = \sqrt{lc}\, 2\pi a \qquad (3-13)$$

其中，l 为单位长度线圈的电感；c 为单位长度线圈的电容。由此给出作为电流自感器的罗戈夫斯基线圈频率上限为

$$f < \frac{1}{\tau} \qquad (3-14)$$

由 $R < \omega L$ 条件设置频率下限，则有

$$f > \frac{R}{L} \qquad (3-15)$$

3.1.1.3　罗戈夫斯基线圈的标定

放电电流的绝对测量，必须要对罗戈夫斯基线圈进行标定。标定线圈的最直接方法是采用式（3-6）或式（3-12）。但是，精确地确定线圈的几何参数（N、A 和 a）或用于短接线圈的小电阻（R）很困难。因此，实际中很少采用这种计算标定因子的方法。罗戈夫斯基线圈标定通常采用的是原位法。在这种情况下，使用具有

光阻尼的理想 LCR 电路。这种方法之所以称为"原位",是因为是在实际实验中使用的位置上标定线圈。目标是选择能够获得理想 LCR 放电的实验条件。这种放电的放电电流波形实例如图 3－5所示。

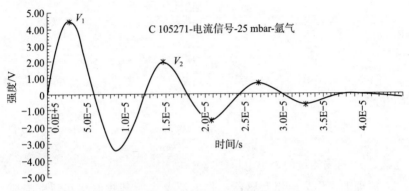

图 3－5　有阻尼的正弦放电电流波形

这个电流波形的数学描述为

$$I(t) = I_0 e^{-at} \sin\omega t \tag{3-16}$$

其中

$$I_0 = V_0 \sqrt{\frac{C}{L}}, \alpha = \frac{R}{2L}, \omega = \frac{1}{\sqrt{LC}}$$

根据电流波形,可以测得 T、V_1 和 V_2,则

$$\alpha = -\frac{\ln(V_2/V_1)}{T} \tag{3-17}$$

考虑第一个峰值电流在 $t = T/4$,则

$$I_1 = I_0 e^{-\alpha T/4} \tag{3-18}$$

由于可以得到 I_0、α 和 T,因而可以计算出 I_1。因此,可以得到线圈的标定因子为

$$K = \frac{I_1}{V_1} = \frac{2\pi C V_0}{T V_1} \left(\frac{V_2}{V_1}\right)^{\frac{1}{4}} \tag{3-19}$$

在大多数脉冲等离子体实验中,生成的放电电流都是阻尼正弦

波形。主要等离子体加热机制通常发生在放电的前半个周期中，此时放电电流波形发生严重的变形，不再是理想的正弦波形。例如，对于等离子体聚焦放电，在放电的前半个周期内，等离子体加热首先发生在轴向加速阶段，然后发生在径向压缩阶段。这表明等离子体阻抗可能在变化，因此导致放电电流波形会偏离理想的 LCR 放电。为了实现罗戈夫斯基标定，可以采用一个高功率电阻器作为负载，短接在等离子体聚焦的后壁面。这个高功率电阻器可以采用硫酸铜溶液制作。此外，可以在高环境压力下进行等离子体聚焦放电，以便在放电电流的前几个周期内，电流层几乎没有移动。放电电流波形可以在压缩时间尺度下获取，以便能够记录如图 3-5 所示的几个周期的波形。

3.1.2　脉冲电压测量

测量等离子体两端的瞬态电压很有意义。瞬态电压的测量可以使用电阻分压器或者电容分压器来实现。

3.1.2.1　电阻分压器

如图 3-6 所示，电阻分压器的原理非常简单。

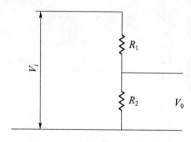

图 3-6　电阻分压器原理图

高输入电压 V_i 被电阻 R_1 和 R_2 分压，在较低电阻 R_2 两端测量输出电压，输出电压由下式给出

$$V_0 = \frac{R_2}{R_1 + R_2} V_i$$

电阻分压器的一种实用设计如图 3-7 所示。

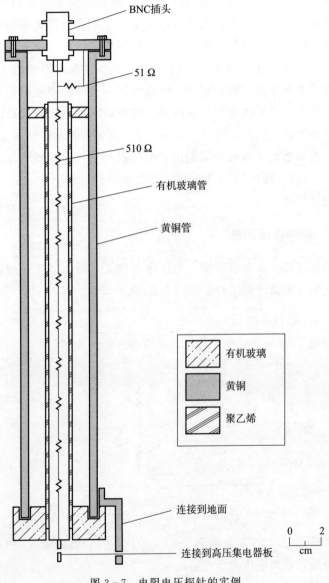

图 3-7　电阻电压探针的实例

虽然电阻分压器的原理非常简单，但采用分压器测量等离子体两端的电压却存在很多技术难点：1) 很难将分压器直接连接到等离子体的两端，因此，测得的电压可能不是等离子体两端的真实电压，还包含放电电路中其他杂散分量贡献的附加电压；2) 在很多情况下，分压器要直接连接到待测量的高电压点上，因此，必须使用长同轴电缆将信号传输到示波器上，而示波器可能放置在屏蔽的房间或屏蔽盒中。这就意味着将 R_2 的值限制为同轴电缆阻抗的 50 Ω，且同轴电缆耦合到 50 Ω 的终端，它作为一个整体起到 R_2 的作用。有一种可能的配置是选择 R_2 远小于 50 Ω，比如说 1 Ω，但是，这样衰减因子会很高，原因是为了不使等离子体负载短路，要求 $R_1 + R_2$ 必须足够的大。在 R_2 低的情况下，分压器的频率上限也会受影响，因为频率上限由下式确定

$$f < \frac{R_2}{L_s}$$

式中，L_s 是探针电路难以避免的杂散电感。

3.1.2.2 电容分压器

在电容分压器中，使用电容器而不是电阻器实现分压，如图 3 - 8 所示。

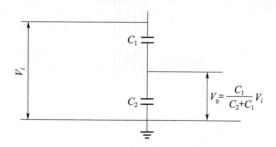

图 3 - 8 采用电容器分压的原理图

这种情况下，在 C_2 两端测量输出电压，C_2 大于 C_1。输出电压由下式给出

$$V_0 = \frac{C_1}{C_1 + C_2} V_i$$

　　然而，在技术上实现电容分压器也是较困难的，原因是为了精确测量 C_2 两端的电压，测量设备必须有无限大的阻抗。但这是不可能的，原因是通常需要用同轴电缆来连接分压器和示波器。这就意味着，需要采用 50 Ω 来短接 C_2，这将破坏电容分压器的功能。

　　实现电容分压器的一种可能的配置是直接将 C_2 连接到输入阻抗为 1 MΩ 的示波器输入端。在这种情况下，C_2 是采用具有 100 pF/m 电容的同轴电缆构成的，而 C_1 是同轴电缆中心导体和被测的高压点之间（用绝缘体分隔）构成的。其原理如图 3 - 9 所示[1]。对于这种配置，一个严格的限制是示波器输入必须设置为直流模式，以旁路输入电容。

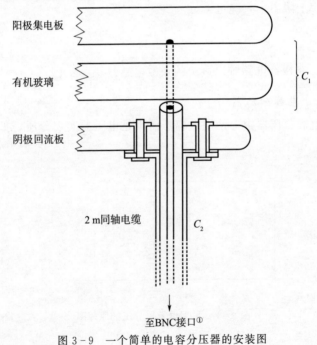

图 3 - 9　一个简单的电容分压器的安装图

---

　　① 一种同轴电缆接头，称 BNC 接口。Bayonnet Neill - Concelman，尼尔-康塞曼卡口——译者注。

　　然而，这种电容分压器配置的实际用处是非常有限的。它仅适用于低功率（几千安电流和几千伏电压）的应用情况。对于高脉冲功率应用，通常采用电容-电压混合配置。这种配置实例的原理如图 3-10 所示。

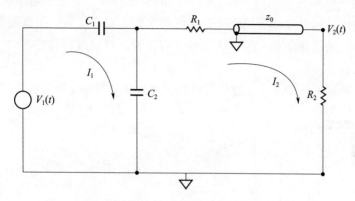

图 3-10　电容-电阻混合的电压探头

这种高电压探头的总分压为

$$\frac{V_0}{V_i} = \frac{R_2}{R_1 + R_2} \frac{C_1}{C_1 + C_2}$$

选择 R_1 和 R_2 的值使之满足下列关系非常重要

$$(R_1 + R_2) \gg \frac{1}{\omega C_2}$$

这将对分压模式下（$V_0 \propto V_i$）探头的工作频率限制为

$$f > \frac{1}{(R_1 + R_2) C_2}$$

低于这个频率时，探头有望运行在微分模式，其中

$$V_0 \propto \frac{\mathrm{d}V_i}{\mathrm{d}t}$$

对于频率 $f \approx \dfrac{1}{(R_1 + R_2) C_2}$，将得到一个分压和微分的混合模式，这个结果很难解释。

3.1.2.3 分压器的标定

尽管通常可以根据所用元件的值来估算电阻式分压器或电容式分压器的分压，但为了更精确地测量，需要对探头进行标定。可以采用一个幅度和上升下落时间已知的标准脉冲生成器作为电压源。也可以采用原位标定，取决于实际的实验设置。例如，在电磁激波管中，通过降低充气压力适当地延迟击穿，可以得到一个图 3 – 11 所示的信号。

将放电电压除以该波形测得的 V 就可以获得分压器的标定。

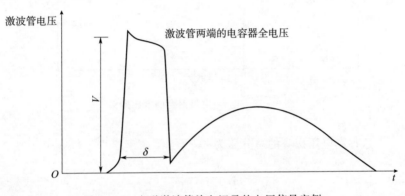

图 3 – 11   电磁激波管放电记录的电压信号实例

3.1.3 电流与电压波形的解释

从测量的电流和电压波形，可以推断出放电电路的一些系统参数以及等离子体动力学的相关信息。

在开始一系列实验之前，必须首先确定放电系统的基本参数，如电路的电感和电阻。这是在等离子体的电感和电阻忽略不计情况下建立放电条件实现的。再次参考电磁激波管，这就意味着，在激波管的背面短接，使其切断放电电路。这时，存在的任何电感和电阻都仅源自激波管外部的电路。因此，根据得到的放电电流波形（这应该是具有特定电感和电阻的理想 LCR 放电），从 T 估算出 L_0，因为 $T = 2\pi\sqrt{L_0 C}$。类似地，从测量到的阻尼因子 α，可以估算出

R_0，因为 $\alpha = \dfrac{R_0}{2L_0}$。

对于等离子体放电，如果我们假定等离子体是电感性的，则等离子体的电阻可以忽略不计，即 $R_p \ll \omega L_p$，则

$$V_p(t) = \frac{\mathrm{d}}{\mathrm{d}t}(L_p I)$$

由于已得到了 $I(t)$ 和 $V_p(t)$，可以从下式导出 $L_p(t)$

$$L_p(t) = \frac{\int V_p(t)\mathrm{d}t}{I(t)}$$

$L_p(t)$ 与等离子体动力学有关。例如，在电磁激波管中，有

$$L_p(t) = \frac{\mu_0}{2\pi}\ln\left(\frac{b}{a}\right)z(t)$$

因此，可以导出电磁活塞的轨迹（因而为激波前沿的轨迹）。类似地，对于 Z-箍缩放电，可以通过下式导出电流薄层的径向轨迹

$$r(t) = r_0 \exp\left[-\frac{2\pi L_p(t)}{\mu_0 l}\right]$$

对于电阻性的等离子体，如高压闪光灯，L_p 是固定的，可以通过下式导出 $R_p(t)$

$$R_p(t) = \frac{V_p(t) - L_p\dfrac{\mathrm{d}I(t)}{\mathrm{d}t}}{I(t)}$$

假定等离子体是一个长度为 l，截面积为 A 的均匀柱体，则可以得到等离子体的电阻率为

$$\eta_p(t) = R_p(t)\frac{l}{A} = 65.3 T_e^{-\frac{5}{2}}(\ln\Lambda)Z$$

预估一个参数 Z 的值（等离子体放电状态）并取 $\ln\Lambda \approx 10$，则可以计算出等离子体温度 $T_e(t)$。

3.2　脉冲磁场测量

在脉冲放电中，电流随时间的剧烈变化将会感应出脉冲磁场。

罗戈夫斯基线圈实际上是测量感应磁场而推导出放电电流 $I(t)$ 的一种方法。由于罗戈夫斯基线圈以螺线管形式弯曲成环形电流的圆环，它测量的是总放电电流，没有提供电流分布相关信息。为了获得分布信息，或者更感兴趣的电流路径位置信息（如电磁激波管中电流薄层的位置），可以用磁吸线圈来测量局部磁场。

磁吸线圈是由绝缘铜线制成的几匝直径很小的线圈，如图 3-12 所示。

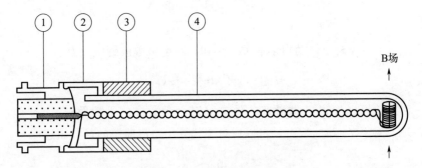

图 3-12　一个磁吸线圈设计的实例

①—BNC 插座；②—铜适配器；③—有机玻璃支架；④—玻璃管。

磁吸线圈的原理与罗戈夫斯基线圈相同，感应的输出电压由下式给出

$$V(t) = NA\frac{\mathrm{d}B(t)}{\mathrm{d}t}$$

式中，N 为线圈的匝数；A 为线圈的截面积；$B(t)$ 为探头附近放电电流感应的时变磁场。

为了从线圈输出电压波形获得 $B(t)$，需要像罗戈夫斯基线圈一样进行积分。但是，现在这种情况下，由于线圈的电感非常低，不再满足 $R \ll \omega L$ 的条件，因而不能用变流器模型运算。这种磁吸线圈通常用 RC 积分器模型运算，如图 3-13 所示。

在这种情况下最终得到的输出电压是 $V_0(t) = \dfrac{NA}{RC}B(t)$。线圈

工作的频率范围是 $\dfrac{1}{RC} < f < \dfrac{Z}{L}$。

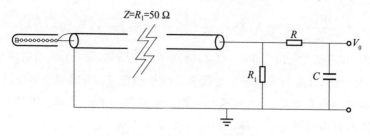

图 3 - 13　磁探头的电路原理图

3.3　等离子体光谱

在本节中，将简要讨论等离子体发射光辐射测量方面的一些基本概念和技术。

3.3.1　等离子体辐射

粒子（电子、离子和中性组分）由于具有动能而在等离子体中运动。粒子之间的相互作用（最可能的是电子与重粒子之间的碰撞）会导致各种过程。有些过程会产生光子发射，取决于等离子体温度的不同，发射光谱处在从红外线到伽马射线的很宽范围内。基本上有三类过程会产生等离子体辐射，分别是韧致辐射、复合和辐射衰变。

3.3.1.1　韧致辐射

在等离子体中，电子在等离子体内部粒子的电磁场作用下运动。它们可能会遇到使它们受阻的相互作用。这种受阻会导致电子释放一个量子的能量（1 个光子）。这个过程称为韧致辐射。因为在相互作用之前和之后，电子发射光子都处于自由状态，这种跃迁通常称为"自由-自由跃迁"。韧致辐射可能会产生能量连续变化的光子，从而有助于光子能谱的连续。

由 N_e（电子数/m^3）和 N_i（离子数/m^3）相互作用导致在 $\nu \sim$ （$\nu + d\nu$）频率区间产生的轫致辐射强度 $[J/(m^3 \cdot s)]$ 为

$$\frac{dE_{ff}}{d\nu} = C N_e N_i Z_i^2 \left(\frac{\chi_H}{kT_e}\right)^{\frac{1}{2}} \overline{g}_{ff} \exp\left(-\frac{h\nu}{kT_e}\right) (W/m^3) \quad (3-20a)$$

式中，$C = 1.7 \times 10^{-53}$ J·m^3；Z_i 为离子的电荷数；χ_H 为氢的电离势；$\overline{g}_{ff}$ 为自由-自由约束因子，它代表了电子温度 T_e 下的量子力学计算结果与经典麦克斯韦-玻耳兹曼平均速率分布结果的偏差。用波长来表达发射辐射通常更方便，因此，式（3-20a）变为

$$\frac{dE_{ff}}{d\lambda} = C N_e N_i Z_i^2 \left(\frac{\chi_H}{kT_e}\right)^{\frac{1}{2}} \overline{g}_{ff} \frac{c}{\lambda^2} \exp\left(-\frac{hc}{\lambda kT_e}\right) [(W/(m^3 \cdot Å))]$$

$$(3-20b)$$

如果考虑等离子体中存在 Z_m，Z_{m+1}，$\cdots$，Z_n 电荷态的离子组分，它们的占比分数是 α_m，α_{m+1}，$\cdots$，α_n，则等离子体的平均电荷态为

$$Z_{eff} = \frac{\sum_{j=m}^{n} \alpha_j Z_j}{NT} \quad (3-21)$$

采用 $Z_i = Z_{eff}$，通过式（3-20b）就可以计算得到轫致辐射的总强度，其中的 α_j 可以采用适当的等离子体模型计算得到，如 LTE（局部热力学平衡）或 CE（日冕平衡）模型。

3.3.1.2 复合

复合是动能为 ε_e 的电子与离子（原子组分为 s，带电量为 Z_i）碰撞时，在电荷量（$Z_i - 1$）离子的束缚能级（主量子数 n，电离势 χ_{i-1}^n）中被捕获，从而导致发射出能量 $h\nu = \varepsilon_e + \chi_{i-1}^n$ 光子的过程。可以看出，光子能量是电子能量的函数，电子能量是连续的，且仅能量大于 χ_{i-1}^n 的光子被发射。这就导致不连续，称为自由-束缚连续谱中的复合边缘。

由 N_e（电子数/m^3）和 N_i（离子数/m^3）的相互作用（假设像电荷 i 的离子一样复合到氢的第 n 层中）导致在 $\nu \sim$（$\nu + d\nu$）频率区间产生的复合辐射强度 $[J/(m^3 \cdot s)]$ 为

$$\frac{\mathrm{d}E_{\mathrm{fb}}}{\mathrm{d}\nu} = CN_{\mathrm{e}}N_{\mathrm{i}} \left(\frac{\chi_{\mathrm{H}}}{kT_{\mathrm{e}}}\right)^{\frac{3}{2}} \left(\frac{\chi_{i-1}^{n}}{\chi_{\mathrm{H}}}\right)^2 \frac{\zeta_n}{n} \overline{g}_{\mathrm{fb}} \exp\left(-\frac{\chi_{i-1}^{n} - h\nu}{kT_{\mathrm{e}}}\right) (\mathrm{W/m^3})$$

$$(3-22\mathrm{a})$$

式中，χ_{H} 为氢原子的电离势；χ_{i-1}^{n} 为从主量子数 n 的束缚态到 Z_{i-1} 电荷态离子组分的电离势；ζ_n 为在该束缚态下可与电子复合的空位数；C 为与式（3-20）相同的常数。

用波长来表示，上式变为

$$\frac{\mathrm{d}E_{\mathrm{fb}}}{\mathrm{d}\lambda} = CN_{\mathrm{e}}N_{\mathrm{i}} \left(\frac{\chi_{\mathrm{H}}}{kT_{\mathrm{e}}}\right)^{\frac{3}{2}} \left(\frac{\chi_{i-1}^{n}}{\chi_{\mathrm{H}}}\right)^2 \frac{\zeta_n}{n} \overline{g}_{\mathrm{fb}} \exp\left(-\frac{\chi_{i-1}^{n} - \dfrac{hc}{\lambda}}{kT_{\mathrm{e}}}\right) [\mathrm{W/(m^3 \cdot \text{Å})}]$$

$$(3-22\mathrm{b})$$

类似地，通过考虑各种离子组分的贡献，可以获得复合发射辐射的总强度。

3.3.1.3　辐射衰变

被电子碰撞的原子或离子可能被激发，然后经历辐射衰变，导致光子发射。该光子的能量对应于两个能级之间的能量差，因此，它含有发射辐射的原子或离子的特征，且具有离散的值。跃迁是两个束缚态的跃迁，因此称为束缚-束缚跃迁。

由于跃迁从能级 p 到 q，频率 ν 的谱线发射强度 $[\mathrm{J/(m^3 \cdot s)}]$ 为

$$I_{pq} = (h\nu)A(p,q)N(p) = \frac{hc}{\lambda}A(p,q)N(p) \quad (\mathrm{J/m^3})$$

$$(3-23)$$

式中，$A(p, q)$ 为跃迁概率；$N(p)$ 为处于高能态的数密度。

3.3.1.4　关于等离子体发射光谱的一些重要事实

1）除了复合边缘，轫致辐射和复合的发射光谱形状是相同的。

2）等离子体发射连续谱的峰值出现在以下波长

$$\lambda_0 = \frac{6\,200}{T_{\mathrm{e}}}(\text{Å}) \qquad (3-24)$$

式中，T_{e} 的单位为 eV。

3) 在高温下，轫致辐射对连续谱的贡献占主导地位，即

$$\frac{dE_{ff}}{d\nu} \gg \frac{dE_{fb}}{d\nu} \quad \text{当} \; kT_e > 3Z_i^2\chi_H \qquad (3-25)$$

3.3.2　等离子体模型

为了计算等离子体发射的辐射光谱，需要已知有哪些组分以及它们所占的比例。实际的等离子体状态是十分复杂的，没有哪个模型能够给出精确且完整的描述。在本节中，我们将讨论两种近似的等离子体模型。

3.3.2.1　局部热力学平衡（LTE）模型

如果等离子体能够满足完全热力学平衡（TE）态，则问题会变得很简单。此时，等离子体可以用有限数量的一组热力学变量（如温度、压力以及各种元素的浓度）来描述，而等离子体的发射可以近似为黑体辐射。这种情况的一个必要条件是，等离子体整体上是均匀的，等离子体内发射的辐射将完全被等离子体自身再吸收。实际并不是这种情况。能实现的最好情况是将等离子体分割为一些小的体积元，每个体积元内的等离子体可以认为是均匀的，而体积元的尺度大于粒子或光子的平均自由程。这就是局部热力学平衡（LTE）等离子体模型的情况。

当等离子体内部组分被电子碰撞时，我们来考虑该组分的第 i 个电离态的电离。如果等离子体的压力（和粒子的密度）足够高，将会发生三体复合，平衡的电离过程为

$$A_i + e \Leftrightarrow A_{i+1} + e + e$$

假定所有组分都仅以它们的基态存在，两种具有连续离子态（i 和 $i+1$）的组分密度比由萨哈方程给出，即

$$\frac{N_{i+1}}{N_i} = \frac{2}{N_e}\left(\frac{U_{i+1}}{U_i}\right)\left(\frac{2\pi m_e kT_e}{h^2}\right)^{\frac{3}{2}}\exp\left(-\frac{\chi_i}{kT_e}\right) \qquad (3-26)$$

式中，U 为两种组分所对应的配分函数；χ_i 是电离势（从第 i 离子态到第 $i+1$ 离子态电离的电离势）。处于束缚能级的每种组分的密度分

布由玻耳兹曼关系式确定

$$\frac{N(p)}{N(q)} = \frac{g_p}{g_q} \exp\left(-\frac{E_p - E_q}{kT_e}\right) \tag{3-27}$$

式中，p 和 q 分别为具有能量 E_p 和 E_q、统计权重 g_p 和 g_q 的两个能级。对于每个能级，其数密度可以写为

$$N(p) = N \frac{g_p}{U_e} \exp\left(-\frac{E_p}{kT_e}\right) \tag{3-28}$$

式中，U_e 是组分的电子配分函数，由下式给出

$$U_e = \sum_j g_p \exp\left(-\frac{E_j}{kT_e}\right) \tag{3-29}$$

N 为总数密度，由下式确定

$$N = \sum_j N(j) \tag{3-30}$$

需要注意的是，式（3-26）中的 U_i 是处于第 i 离子态组分的电子配分函数。

除了三体复合发生电子碰撞电离的逆过程外，有时也会发生辐射复合。但是，在高密度等离子体中，发生辐射复合的概率远小于三体复合。这种条件在满足下面关系式时成立，即

$$N_e \geqslant 1.6 \times 10^{12} T_e^{\frac{1}{2}} E_{pq}^3 \quad (\text{cm}^{-3}) \tag{3-31}$$

式中，E_{pq} 为最高能隙（单位为 eV），通常为前两个能级之间的能隙；T_e 为电子温度（单位为 K）。

3.3.2.2　日冕平衡（CE）模型

在低密度等离子体中，不会发生高频率的碰撞以建立热力学平衡（甚至局部也达不到），因此必须采用非热或非局部热力学平衡模型来描述这种等离子体。常用的模型之一是日冕平衡模型，该模型最初是为了解释太阳日冕而提出的。假定等离子体状态的变化足够慢，使电子之间始终处于热平衡态，因此它们服从麦克斯韦速率分布。

仍然假定离子组分仅以它们的基态存在，电子碰撞电离总是与

辐射复合相平衡，因此，我们可以写出

$$N_e N_i S(T_e, i) = N_e N_{i+1} R(T_e, i+1) \qquad (3-32)$$

式中，$S(T_e, i)$ 为碰撞电离系数；$R(T_e, i+1)$ 为辐射复合系数。因此，两种连续电离组分的密度比值为

$$\frac{N_{i+1}}{N_i} = \frac{S(T_e, i)}{R(T_e, i+1)} \qquad (3-33)$$

采用 $S(T_e, i)$ 和 $R(T_e, i+1)$ 的经验表达式并代入式（3-33）后得到

$$\frac{N_{i+1}}{N_i} = 1.27 \times 10^8 \frac{1}{\chi_i^2} \left(\frac{kT_e}{\chi_i}\right)^{\frac{3}{4}} \exp\left(-\frac{\chi_i}{kT_e}\right) \qquad (3-34)$$

如前所述，假定等离子体条件变化缓慢，从而可以达到平衡。等离子体达到这种平衡的时间是由下式给出的原子松弛时间

$$\tau \approx \frac{10^{12}}{N_e}(s) \qquad (3-35)$$

如果等离子体的寿命短于这个松弛时间，则等离子体需要用一个时间相关的电晕模型来描述。此外，如果需要包括导致高能级间跃迁的电子碰撞效应过程，碰撞辐射（CR）模型更为合适。

在等离子体光谱实验中，通常要求以特定等离子体模型的数据分析为基础。为简单起见，我们可能需要决定选择 LTE 模型还是 CE 模型。在这种情况下，可以根据式（3-31）进行选择。这就表明，如果等离子体密度高，满足式（3-31）的条件，就可以选择 LTE 模型，否则，选择 CE 模型。但是，应该重申，这种处理并不是精确的。

3.3.3　组分密度分布与等离子体光谱的实例

3.3.3.1　组分的密度分布

在以下的实例中，电离的分数定义为 $\alpha_i = \dfrac{N_i}{N_t}$，其中 $N_t = \sum_i N_i$，$i=0$ 为中性组分。图 3-14（a）和图 3-14（b）是 CE 模型

的氩和碳等离子体组分密度分布。

　　对比这组图可以看出，氩等离子体在电子温度 10 keV 以上完全电离，而碳等离子体在 200 eV 以上就几乎完全电离。

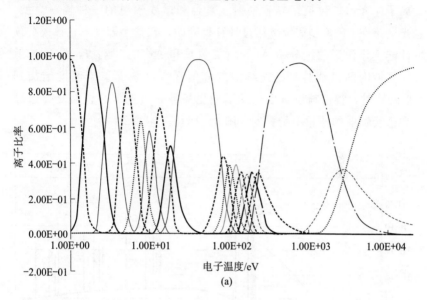

(a)

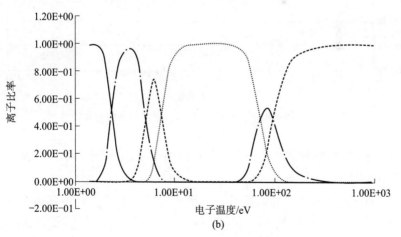

(b)

图 3 - 14　　(a) 氩等离子体（CE 模型）；(b) 碳等离子体（CE 模型）

3.3.3.2　等离子体发射光谱

图 3-15 示出了电子温度 1 keV、电子密度 10^{19} cm^{-3} 的氩气等离子体光谱。包括了轫致辐射、复合和谱线辐射的三种辐射类型。光谱是在 CE 模型假定下通过计算得到的，在这个温度下，该模型预计起主导作用的组分是 Ar^{16+}（类氦）和 Ar^{17+}（类氢），具有 X 射线区域内的谱线特征。连续谱的峰值在 6 Å 附近。当温度增加到 2 keV 时，很清晰地看出连续谱向更短波长方向漂移，而复合边缘和谱线辐射的波长不受影响（图 3-16）。

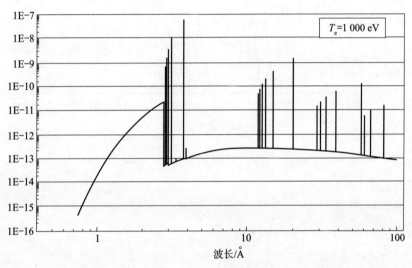

图 3-15　电子温度 1 keV 氩气等离子体光谱的仿真结果

在 CE 模型假定下，通过计算得到的 150 eV 碳等离子体的发射光谱如图 3-17 所示。

对于这个等离子体，主要组分明显是 C^{6+} 和 C^{5+}，还有小部分 C^{4+}。

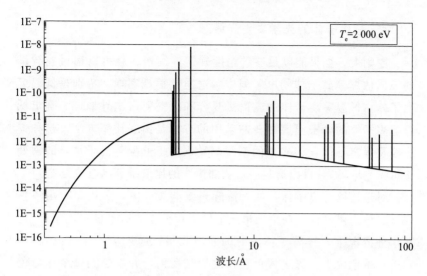

图 3 - 16　电子温度 2 k eV 氩气等离子体光谱的仿真结果

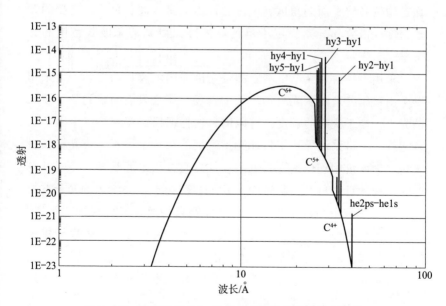

图 3 - 17　电子温度 150 eV 碳等离子体光谱的仿真结果

3.3.4 等离子体的光学发射光谱

原则上，如果能以足够的精度确定连续谱，就可以通过连续谱的峰值估算等离子体的电子温度。这通常很难实现，特别是低温等离子体，低温等离子体的光谱是复合和线辐射占主导地位。确定低温等离子体的电子温度最普遍采用的方法是谱线比率方法。这种方法涉及等离子体发射光谱的谱线测量（对于低温等离子体，通常处于可见光区域），可以通过一对相邻谱线的比值推算出电子温度。

对于连续等离子体，如直流辉光或电弧放电，采用一个由单色仪（也称为摄谱仪）与单通道光电倍增管组成的简单设置就足够了。在这种情况下，等离子体发射的光被收集，通过输入端（或入口）发送到单色仪中。光进入单色仪之后被反射，并聚焦到一个作为色散介质的光栅上。因此，在出射窗口将会收集到各种波长色散的光。通过调节光栅平面的角度，可以选择出射窗口波长范围。光栅的开槽密度（槽数/mm）决定了单色仪能够探测到的总波长范围和分辨率。

采用单一通道光电倍增管测量光谱强度随波长的变化，可采用一个出口狭缝来限制光电倍增管的视场，使之只能测量到特定波长的光子。由于狭缝的宽度是有限的，这将把仪器宽度第二个因子引入谱线。入口狭缝导致了仪器光谱宽度的第一个因子。将光栅倾斜机构与刻度盘相连，刻度盘上的读数可直接给出波长。在光栅倾斜时，光栅的每个角度位置都与衍射公式 $2d\sin\theta = n\lambda$ 给出的光子波长相关联，在每个角度位置，光电倍增管只能通过出口狭缝"看到"满足此条件的波长。因此，通过调节刻度盘可以对直流等离子体进行光谱扫描。对于射频等离子体，也可采用类似的步骤。

近年来，随着光电二极管（PDA）和光电耦合器件（CCD）的普及，通常使用多通道光学分析仪（OMA）替代单通道光电倍增管（PMT）进行等离子体光谱测量。图 3-18 是采用这种设置测量辉光放电发射光谱的一个实例。在这种设置下，可同时测量一个范围的光谱。这个范围通常是被单色仪出射窗口的宽度限制，但更普遍的是被 PDA 或 CCD 的尺度所限制。通常，PDA 或 CCD 有 1 024 个像素可用，表明同时可以获取 1 024 个点。由于较小的像素和紧密的排列，可以获得较高的分辨率，但必须以较窄的可测量光谱范围为代价。

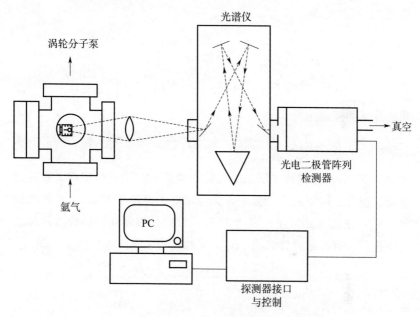

图 3 - 18　等离子体发射光谱测量配置原理图

为了采用图 3 - 18 所示的配置来确定电子温度，如氩气辉光放电等离子体（直流或射频）的电子温度，首先需要考虑式（3 - 23）并假定发射是各向同性的，则单位球面度的发射辐射［单位为 W/（cm³ · sr）］为

$$I_{pq} = \frac{hcA(p,q)}{4\pi\lambda}N(p) \qquad (3-36)$$

假定选择 4 条谱线

$$\lambda_1 = 8\ 014.79\ \text{Å (Ar)}$$

$$\lambda_2 = 8\ 006.16\ \text{Å (Ar}^+\text{)}$$

$$\lambda_3 = 8\ 103.69\ \text{Å (Ar)}$$

$$\lambda_4 = 7\ 948.18\ \text{Å (Ar}^+\text{)}$$

假设等离子体处于局部热力学平衡态，而且是光学薄的，对于谱线 1，可以写为

$$I_1 = \frac{hcA_1}{4\pi\lambda_1}N_0^1 \tag{3-37}$$

式中，N_0^1 由式（3-28）表示为 $N_0^1 = N_0 \dfrac{g_1}{U_0}\exp\left(-\dfrac{E_0}{kT_e}\right)$。谱线 1 和谱线 2 的强度比为

$$R_1 = \frac{I_1}{I_2} = \frac{A_1}{A_2}\frac{\lambda_2}{\lambda_1}\frac{N_0}{N_1}\frac{g_1}{g_2}\frac{U_1}{U_0}\exp\left(-\frac{E_1 - E_2}{kT_e}\right) \tag{3-38}$$

式中，E_1 为产生谱线 1 跃迁的高能级能量；E_2 为产生谱线 2 跃迁的高能级能量。可以看出，为了计算特定电子温度下的 R_1，需要已知 N_0/N_1，该比值必须通过表达式（3-26）计算得到。尽管这是可能的，我们也可以通过计算第二对谱线的比例来解决这个问题，即

$$R_2 = \frac{I_3}{I_4} = \frac{A_3}{A_4}\frac{\lambda_4}{\lambda_3}\frac{N_0}{N_1}\frac{g_3}{g_4}\frac{U_1}{U_0}\exp\left(-\frac{E_3 - E_4}{kT_e}\right) \tag{3-39}$$

取 R_1 和 R_2 的比值，可以得到

$$R = \frac{R_1}{R_2} = \frac{A_1}{A_2}\frac{A_4}{A_3}\frac{\lambda_2}{\lambda_1}\frac{\lambda_3}{\lambda_4}\frac{g_1}{g_2}\frac{g_4}{g_3}\exp\left(-\frac{E_1 - E_2 + E_4 - E_3}{kT_e}\right)$$

$$\tag{3-40}$$

在试验中，测量 4 条谱线的强度，通过方程（3-40）得到 R。因此，可以通过图 3-19 的"定标曲线"估算出等离子体的电子温度。

图 3-20 给出了含有这 4 条谱线的高压氩气光谱灯的光谱实例。通过计算得到高压电弧灯的氩等离子体电子温度为 0.4 eV。

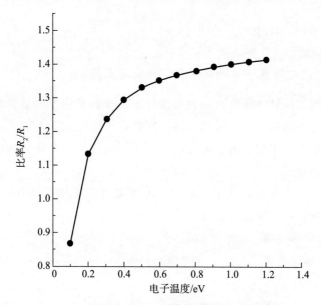

图 3 - 19　用于确定电子温度的光学谱线比率图

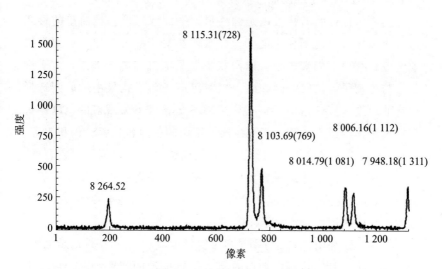

图 3 - 20　从低温等离子体中检测的时间积分的光学谱线

3.4　朗缪尔探针（电探针）

3.4.1　稳态等离子体的电子温度和密度测量

朗缪尔探针（通常也称为电探针）是一种常用于测量低温等离子体特征的诊断工具。采用朗缪尔探针，可以确定基本的等离子体参数，如电子密度、电子温度、等离子体电位，有时还包括电子能量分布函数。

流向电探针的载流子流动理论非常复杂。在以下简化假设下，可以推导出一套简化的理论：

1）电子与离子的浓度相等；

2）电子和离子的平均自由程远大于探针的尺度；

3）电子温度远大于离子温度；

4）探针的半径远大于等离子体的德拜长度；

5）电子和离子的动能服从麦克斯韦-玻尔兹曼分布。

朗缪尔探针的形状可以是圆柱形、平面或球形。最简单的形式是一小段插入等离子体中的细丝，细丝相对于参考电位（通常为接地电极）有一个偏置电位，以便收集电子电流和离子电流。由于细丝会与等离子体接触，因此必须以对等离子体干扰最小的原则选择探针的尺度。探针结构材料必须选择不熔融或不易溅射的，以避免向等离子体内引入杂质。探针结构最常用的材料包括钨、钼和钽等。直径 0.1~1 mm 的探针细丝必须嵌入到绝缘管（如氧化铝或石英）中，以便与等离子体绝缘，仅将很短的尖端裸露在外，长度一般在 2~10 mm。这样的探针能够给出局部的等离子体基本参数，如电子温度、电子密度以及等离子体电位。

图 3-21 和图 3-22 分别是典型探针电路和 $I-V$ 特性的示意图。探针系统由探针、可调电源以及测量探针电流的装置组成。可调电压源应该能够以离散的或连续扫描的方式提供从正到负（相对于接地）变化的输出电压。根据偏置电压的极性，探针可以获取等离子

体中的正电流或负电流。

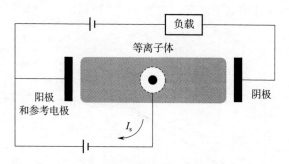

图 3-21　一个辉光放电测量的朗缪尔探针配置示意图

　　图 3-22 是理想化的探针 I-V 特性曲线，曲线用 A、B、C、D、E 标出了不同区域。横坐标轴的 V（或 V_p）表示为探针的电压或者偏压，纵坐标轴的 I 表示探针的总电流。探针电流是从探针附近的等离子体中引出的电子电流或离子电流，因此，可以表示为 $I = I_e - I_i$（其中，I_e 是电子电流，I_i 是离子电流）。在图 3-22 中，流过探针的离子电流取负号，而电子电流取正号。AB 区称为电子饱和区，BCD 区称为电子缓冲区，DE 区称为离子饱和区。探针的悬浮电位用 V_f（D 点）表示。悬浮电位 V_f 是电子电流和离子电流相等位置的电压，因此，探针净电流等于零。等离子体电位 V_s（B 点）是探针位置的等离子体电位（相对于参考电极）。

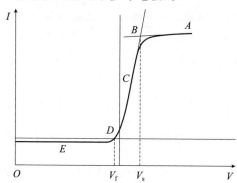

图 3-22　朗缪尔探针（单探针）的典型 I-V 特性

通过绘制 $\ln(I_e)$ 相对于电子缓冲区（BCD）的 V 变化曲线，能够确定等离子体的电子温度，如图 3-23 所示。

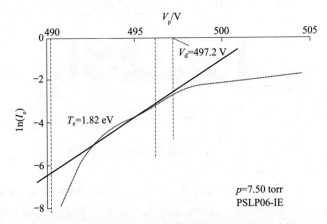

图 3-23　用于确定电子温度的探针 $I-V$ 特征分析

根据探针理论，在电子缓冲区的电子电流由下式给出

$$I_e = I_{e0} \exp\left(\frac{eV}{kT_e}\right)$$

$$I_{e0} = An_e e \sqrt{\frac{kT_e}{2\pi m_e}}$$

其中，A 为探针有效面积；n_e 为电子密度；T_e 为电子温度；e，k，m_e 分别为电荷电量、波尔兹曼常数和电子质量；I_{e0} 为电子饱和电流，是 B 点的探针电子电流。可以确定 B 点是梯度变化点，该点的探针电位为 V_d，即等离子体电位为 V_s，对应电流为 I_{e0}。在电子缓冲区，$\ln(I_e)$ 相对于 V 的曲线可以得到 e/kT_e 梯度的线性图，因此可以得到电子温度 T_e。通过测量探针 $I-V$ 特性曲线在 B 点的电子饱和电流，且已知探针的尺度，可以通过计算得到电子密度 n_e。

3.4.2　流动（或带电粒子束）等离子体的动力学研究

在 3.4.1 节中概述的电探针测量 $I-V$ 特性及其分析，可以用于测量较低温度和密度的稳态等离子体（如辉光放电等离子体）电子温度和密度。假定等离子体内部粒子（电子和离子）的能量服从麦克斯韦-玻尔兹曼分布函数。对于具有时变温度和密度的流动等离子体，仍然可以采用探针来研究诸如激波管中的等离子体动力学问题。对于电磁激波管，由于电磁场的存在，探针信号可能会变得复杂。然而，对于带电粒子构成的自由流等离子体，或者对于没有电磁场区域内的一束带电粒子（离子或电子）流，可以用电探针探测流动的等离子体或带电粒子的运动。

图 3-24 示出了采用电探针探测来自等离子体聚焦（参考 4.2 节）离子束的实例[2]。沿着离子束路径布置了两个相同探针，每个

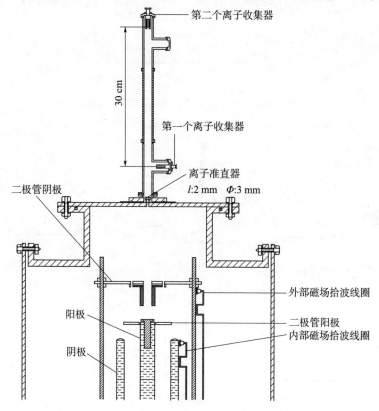

图 3-24 采用电探针对离子束能量进行飞行时间测量的装置

（Copyright 2002，日本应用物理学会 ）

探针都偏置于适当的负电位，如 -100 V。当束流经过探针的时候，期望探针能够吸引带正电的离子，通过示波器记录所产生的两个电压脉冲。探针的偏压电路如图 3-25 所示。将两个探针放置在沿离子束路径的固定距离处，采用示波器测量流束从一个探针流到另一个探针所用的时间（Δt），由此可以计算出离子的动能。如图 3-26 所示。

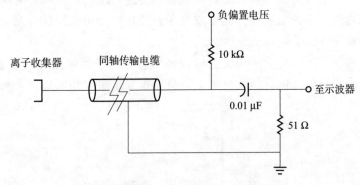

图 3-25　用于脉冲离子束动力学研究的电探针偏置电路示意图

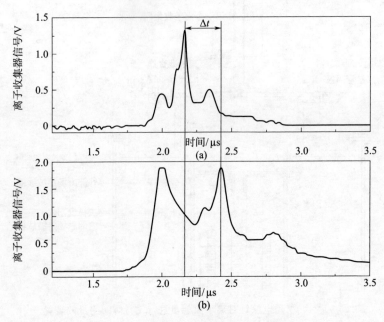

图 3-26　离子束电探针测量的典型信号

3.5　X 射线诊断技术

如前面几节所述，当电子温度增加时，等离子体发射光谱会向更高光子能量的方向漂移。电子温度高于 1 keV 时，主要的等离子体发射在 X 射线区，典型波长范围为 1～100 Å。因此，对于等离子体聚焦或真空火花这类脉冲放电产生的高温、高密度等离子体，X 射线的发射测量能够提供有关等离子体条件方面的有用信息。此外，考虑到这些脉冲等离子体可能作为 X 射线源应用，确定它的 X 射线发射特性很重要，这些特性包括密度、源的尺度以及光谱等。

图 3 - 27 给出了用于测量等离子体源 X 射线发射的典型测量装置。

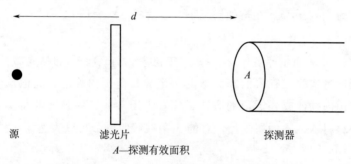

图 3 - 27　等离子体 X 射线探测的实验布局示意图

在这种配置中，使用的探测器是光谱积分探测器，滤光片提供了指数滤光。在这种情况下，可以认为 X 射线是前面几节中所讨论的等离子体轫致辐射和复合发射产生的。当对全光谱积分时，谱线的辐射贡献是无关紧要的。

3.5.1　X 射线吸收滤光片

X 射线光子与滤光片材料的相互作用是原子吸收光子能量并导致 K 层 1 个电子脱离的光电效应，因此，某些光子在通过滤光片时会停止。对于较低能量的光子（波长较长），会达到光子能量不足以移除 K 层电子的极限。此时所对应的波长称为 K 吸收边缘。在更低光子能量下，会达到 L 层电子的另一个极限。K 吸收边缘与 K 层的电子电离能紧密相关，考虑 K 层电离"类似于氢"并忽略其他电子的屏蔽效应（引起电离能降低），该电离能可以认为近似等于 $13.6 \times Z^2$ eV。

通过一个特定滤光片的光子吸收可以表达为

$$I = I_0 \exp(-\mu x) \tag{3-41}$$

其中，I 为通过滤光片之后的 X 射线强度；I_0 为通过滤光片之前的 X 射线的强度；x 为滤光片的厚度（单位为 cm），μ 为吸收系数（单位为 cm^{-1}）。吸收系数的另外一种更普遍使用的形式是质量吸收系数 μ_m（单位为 cm^2/g），该系数等于 μ/ρ，其中 ρ 是滤光片材料的密度，单位为（g/cm^3）。在这种情况下，表达式（3-41）变为

$$I = I_0 \exp(-\mu_m x_m) \tag{3-42}$$

其中，x_m 为质量厚度，$x_m = \rho x$（单位为 g/cm^2）。不同材料的 μ_m 值只能通过实验在有限的和离散的特定波长范围内确定，其他波长的值采用内插值或外插值的方法，或者采用某些经验公式获得。对于复合材料 $X_m Y_n$ 的滤光片，总的 X 射线吸收系数可以表达为

$$\mu_{xy} = \left(\frac{m}{m+n} \right) \mu_x + \left(\frac{n}{m+n} \right) \mu_y \tag{3-43}$$

图 3-28 所示的是聚酯薄膜（$C_{10}H_8O_4$）的质量吸收系数随波长的变化关系。

图 3-29 是采用已知 μ_m 值绘出的式（3-42）的曲线，以图形方式说明了通过各类滤光片的 X 射线透射情况。需要特别关注下列 3 组滤光片：1）149 μm 镀铝聚酯薄膜；2）24 μm 镀铝聚酯薄膜＋10.5 μm 钛；3）1 024 μm 镀铝聚酯薄膜。例如，如果这种滤光片与相同的探测器同时使用，则它们的信号可以用来识别氩等离子体或氩氢混合等离子体中是否存在氩 K_α 谱线的辐射。这是由于氩的 K_α 谱线辐射波长在 4 Å 左右，在钛 Ti 的传输"窗口"之内。对于上述

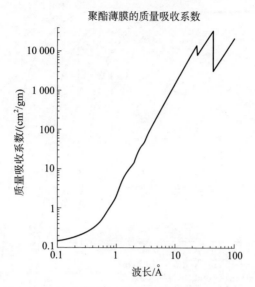

图 3 - 28　聚酯薄膜的质量吸收系数随波长的变化

系列的滤光片，如果氩的 K_α 谱线辐射占主导地位，则采用滤光片
1）和 2）的探测器所记录的信号几乎相同。此外，如果铜的 K_α 谱
线辐射很突出，则采用滤光片 2）和 3）的探测器信号将会同样的
弱，而滤光片 1）的探测器信号会很强。应该注意到，所有材料都能
很好地传输自身的 K_α 谱线辐射。

3.5.2　X 射线探测器

3.5.2.1　时间分辨的 X 射线探测器

获得来自等离子体的时间分辨的 X 射线发射信息非常重要，原
因是通常能够展示出等离子体的动态特性。在这方面普遍采用的 X
射线探测器包括光电倍增管、PIN 二极管和 X 射线二极管（XRD）。

（1）光电倍增管

光电倍增管（PMT）是一种灵敏的光子探测器，能够通过光电
阴极将光子转换成电子，然后通过多个倍增电极实现倍增。图 3 - 30

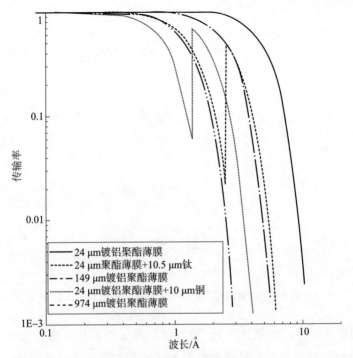

图 3 - 29　聚酯薄膜的质量吸收系数随 X 射线波长的变化关系

是一个光电倍增管的例子。光电倍增管需要一个"基极"，该基极通常由电阻分压器网络组成，以提供阴极与第一倍增极以及后续倍增极之间的电位分布。阴极与第一倍增极之间的电位差提供了光电子的第一次加速，后续的各相邻倍增极之间维持几乎不变的电位，直到最后电子被阳极所收集。

　　对于 X 射线探测，光电倍增管需要和一个闪烁体一起使用。这是因为光电阴极通常对可见光至紫外区内的光子敏感。闪烁体能够吸收足够高能量的光子（X 射线或 γ 射线）或粒子（α、β 和中子）并在可见光区域（蓝色至紫色）发射。对于 X 射线，它将波长 1～100 Å 内的光子转换到 4 000 Å 左右，这种波长处于光电倍增管的光电阴极的敏感区内。

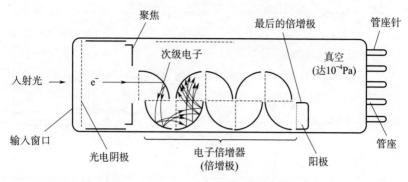

图 3-30　典型光电倍增管示意图

采用 PMT 测量 X 射线需要经过几步转换。第一，闪光体吸收 X
射线，产生蓝-紫光子（转换因子 ε_s）；第二，应该考虑光电阴极的
量子效率（ε_q）；第三，PMT 的电子倍增因子（ε_m）；第四，阳极收
集的电子和这些电子在电路中流动（电流）引起的信号（电压）。因
此，计算探测系统的总敏感度非常困难，虽然并不是不可能。

此外，由于 PMT 内部电子倍增过程需要迁移时间，它的信号总
会延迟 50～200 ns，取决于倍增的级数。级数越多增益越高，但延
迟时间也就越长。对于 9 级 PMT，延迟时间可能会达到 100 ns
左右。

然而，尽管光电倍增管系统通常体积庞大，会产生延迟信号，
很难确定它的绝对响应，但如果需要测量 X 射线发射频谱的硬分量
还是很有用的。图 3-31 给出的是光电倍增管系统记录的等离子体
聚焦放电中硬 X 射线信号（图 3-31 中下面的曲线）的例子[3]。
图 3-31 中上面的曲线示出的是电压峰值，该峰值是聚焦现象的标
志。光电倍增管信号的时序必须调整为与电压信号对齐。

（2）硅 PIN 二极管

硅 PIN 二极管是一种方便的 X 射线探测器，具有结构紧凑、上
升时间短和响应已知的特点。它在 1～20 Å 的响应几乎是平坦的
（除了硅的吸收边缘之外）。PIN 二极管与 PN 结二极管基本上是类

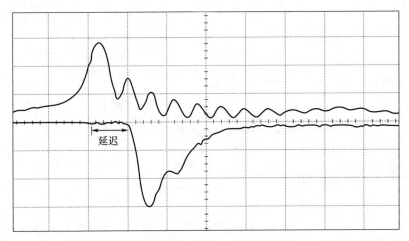

图 3-31　从等离子体焦点放电获得的光电倍增管（PMT）信号实例

似的，但在 P 层和 N 层之间夹有一个很厚的本征层。这个厚的本征层完全被耗尽，将吸收 X 射线光子而形成电子-空穴对。

图 3-32 为 PIN 二极管结构示意图以及反向偏压施加到二极管两端时的能级图。二极管吸收了 X 射线光子后，将会生成电子-空穴对，每吸收 3.55 eV 光子能量，就会生成 1 个电子-空穴对。这就表明，每吸收 1 J X 射线能量，就会产生 0.28 C 的电子电荷。

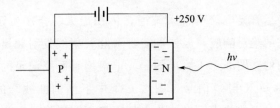

图 3-32　简化的 PIN 二极管示意图

为了计算二极管对 X 射线光子的敏感度，必须考虑起滤光片作用的 N 型入射窗口的 X 射线吸收。电子-空穴对的形成对应于本征层吸收的光子量，因此，二极管的敏感度 $S(\lambda)$ 由下式给出

$$S(\lambda) = 0.28\exp(-\mu_s x_1)\,[1-\exp(-\mu_s x_2)]\,(C/J) \qquad (3-44)$$

式中，μ_s 为硅的质量吸收系数；x_1 为 N 型入射窗口的质量厚度；x_2 为本征层的质量厚度。图 3-33 是典型 X 射线 PIN 二极管敏感度曲线的例子。

一方面，在短波长区域（$\lambda < 1$ Å），X 射线光子可能会无吸收地穿过本征层，因此敏感度低。另一方面，对于长波（$\lambda > 20$ Å），则 X 射线光子会被硅入口层所吸收，因此敏感度也低。在这两个极限区域之间，二极管的敏感度几乎是平坦的，除了波长 6.73 Å 硅的 K 吸收边缘之外。

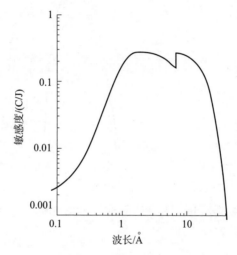

图 3-33　X 射线 PIN 二极管的理论敏感度曲线

PIN 二极管探测等离子体源的 X 射线强度 $P(\lambda, T_e)$［单位为 W/（cm^3 · Å）］由 $P(\lambda, T_e) S(\lambda) \exp(-\mu x)$ 给出，考虑了放置在源和探测器之间箔片的吸收和立体角（假定为点源）。图 3-34 是不同滤光片覆盖的 PIN 二极管测量电子温度 1 keV 的氩气等离子体所发射的 X 射线强度。

PIN 二极管最常用的偏置电路如图 3-35 所示。在该电路中，二极管由于吸收了 X 射线能量而产生的电荷流过电路，在 51 Ω 电阻器两端测量其输出电压。

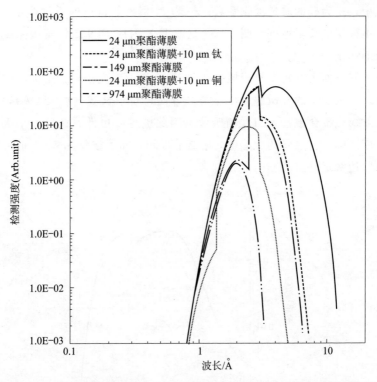

图 3 - 34 通过不同滤光片后 PIN 二极管检测到的 X 射线光谱计算值

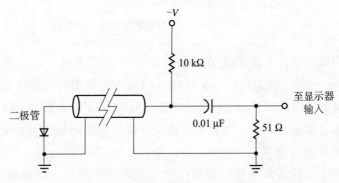

图 3 - 35 典型 PIN 二极管偏置电路的原理图

图 3-36 是测量 X 射线脉冲的一个例子。由于吸收了 X 射线光子，PIN 二极管产生的电荷量为

$$Q = \int I(t)\,\mathrm{d}t = \frac{\int V(t)\,\mathrm{d}t}{51}$$

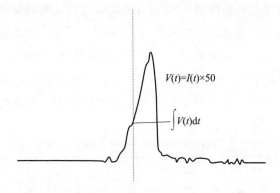

图 3-36　示波器记录的 PIN 二极管 X 射线脉冲

如果源是单色点源，波长 $\lambda = \lambda_0$（线辐射），则可以用电荷量 Q 来计算吸收的 X 射线能量

$$E''_{\lambda_0} = Q/S(\lambda_0)$$

相应箔片的吸收

$$E'_{\lambda_0} = \frac{Q}{S(\lambda_0)}\,\frac{1}{\exp(-\mu x)}$$

最后，点源各向同性地向 4π 空间发射的 X 射线总能量为

$$E = \frac{Q}{S(\lambda_0)}\,\frac{1}{\exp(-\mu x)}\,\frac{4\pi d^2}{A} \tag{3-45}$$

式中，d 为源与探测器之间的距离；A 为图 3-27 所示的二极管探测有效面积。

对于等离子体聚焦和真空火花这样的等离子体，光谱显然不是单色的。如果 d 远大于源的尺度（聚焦等离子体的尺度为毫米量级，真空火花为零点几毫米），则点源的假设依然成立。在这种情况下，我们考虑连续谱（轫致辐射＋复合），可以将等离子体发射的时变 X 射线脉冲导致的电荷生成率（电流）写为

$$\frac{\mathrm{d}Q}{\mathrm{d}t} = \frac{V(t)}{51} = V_{\text{plasma}} \int_{\lambda} P(\lambda, T_e) \frac{A}{4\pi d^2} \exp(-\mu x) S(\lambda) \mathrm{d}\lambda$$

$$(3-46)$$

该式可以通过固定 T_e 来计算。对于耦合两组不同箔片的两个相同二极管（或其他探测器），可以计算出由相同 X 射线脉冲在两个二极管上生成的电流之比为 $R = I_1/I_2$。通过在一定温度范围（比如从 500 eV～10 keV）的重复计算，可以得到 R 随 T_e 的变化关系，绘出如图 3-37 的曲线。该曲线可以作为用 X 射线比方法或 X 射线箔片吸收方法测量电子温度的定标曲线。这种情况下，需要两个通道的 PIN 二极管。

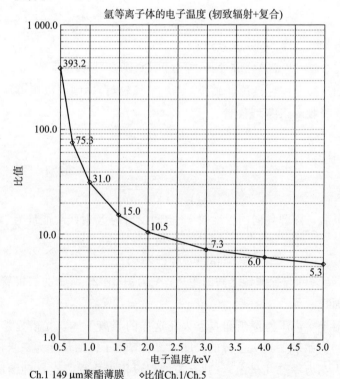

图 3-37　两组滤光片对两个 PIN 二极管的滤光比值随温度的变化

作为另外一种方法，也可以计算出相同材料（如铝）但不同厚度下滤光片的 R 值，然后绘制出 R 相对特定 T_e 的箔片厚度的关系。在一定温度范围内可进行重复计算。图 3-38 所示的是温度分别为 500 eV、750 eV、1 000 eV、2 000 eV、5 000 eV、10 000 eV 条件下 R 随厚度的变化曲线。图 3-38 中也给出了单色源 Ar-K$_\alpha$ 和 Cu-K$_\alpha$ 的曲线。

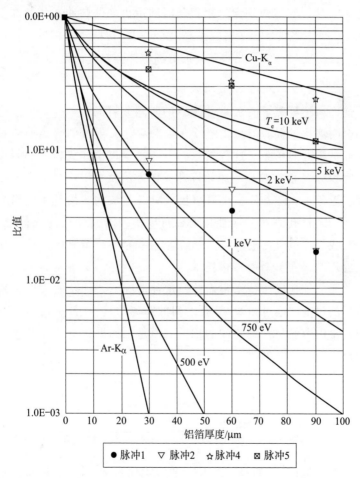

图 3-38　不同电子温度下，用不同厚度铝箔片对 PIN 二极管滤光的比率
图中也绘制了对应于单能量光子 Ar-K$_\alpha$ 和 Cu-K$_\alpha$ 的直线曲线

在实验方面，需要 2 个以上通道的探测器。对于 5 个通道的探测器情况，采用 1 个通道作为参考，可以获得 4 个实验点，并叠加绘制在图 3-38 的比率图上。已经完成了等离子体焦点放电的实验，给出了 5 个通道的 PIN 二极管信号以及电压信号如图 3-39 所示[4]。

从这个实验中可以看出，观测到了 5 个 X 射线 脉冲，可以辨别出，其中的脉冲 1 和脉冲 2 对应于电子温度 1 keV 和 2 keV 之间的热等离子体。在聚焦现象结束很长时间后出现的脉冲 4 和脉冲 5 接近于 Cu-K$_\alpha$ 谱线，表明它们主要由 Cu-K$_\alpha$ 谱线辐射构成。可以认为它们是由密集（但不是很热）的等离子体蒸汽喷流产生的。

3.5.2.2　时间积分的 X 射线成像

前面所述等离子体 X 射线发射的时间分辨测量，提供了等离子体随时间演化过程的信息，但没有给出发射 X 射线的等离子体有关尺度和结构方面信息。这种信息必须通过等离子体成像来获得。采用时间积分 X 射线胶片和原始针孔成像方法就可以获得等离子体的图像。近年来，随着门控微通道板（MCP）成为实用技术，当与精心设计的多针孔系统一同使用时，可以实现时间分辨的成像记录。然而，我们这里仅讨论时间积分的 X 射线基本成像技术，即采用 X 射线胶片的 X 射线针孔成像技术。

普通的针孔成像技术很简单。这种情况下，针孔的尺度必须小于目标的尺度，通过图像-针孔之间的距离与目标-针孔之间距离的比值，给出图像与目标之间的比值。但是，如果目标的尺度小于针孔的尺度，射线图如图 3-40 所示。

根据几何关系可以看出，目标的尺度可以用下式计算

$$x = \left[\frac{L_\circ(q-p)}{L_i} \right] - p \quad 对于\ x < p \qquad (3-47)$$

其中，L_i 是图像-针孔之间的距离（$L_i = a$），$L_\circ$ 是目标-针孔之间的距离（$L_\circ = b+c$）。如果 $x > p$，可以简化为 $x = \left(\dfrac{L_\circ}{L_i} \right) q$。

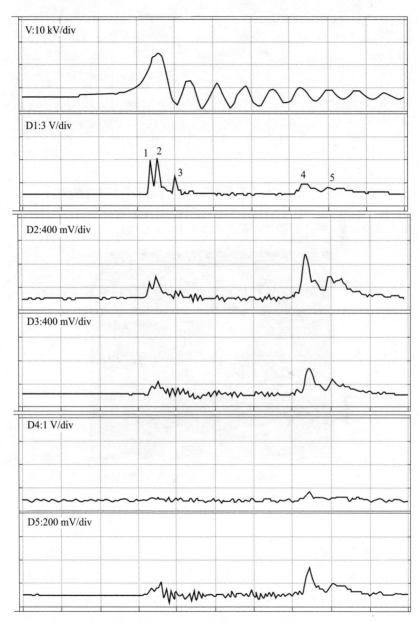

图 3-39　等离子体焦点放电中，带不同厚度铝箔片滤光的 5 通道 PIN 二极管
X 射线脉冲实验结果

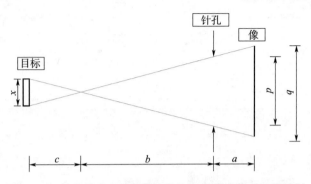

图 3-40　针孔尺度大于图像尺度的 X 射线成像配置原理图

图 3-41 给出了真空火花等离子体的 X 射线针孔成像的例子。

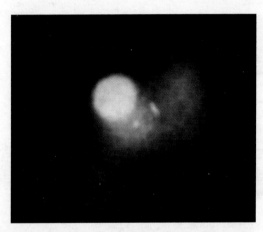

图 3-41　真空火花放电 X 射线针孔成像的例子

在该图像中。我们可以清晰地看到两类结构：1) 具有清晰圆形（近似）边界的亮点；2）强度弥散的云。亮的圆点可以确认是通常看到的真空火花等离子体热点导致的，它的尺度小于直径 $300\ \mu m$ 的针孔尺度。事实上，清晰圆形结构表明，它实际上是远小于针孔尺寸的光源将针孔投影在 X 射线胶片上。此外，由于等离子体云的尺度远大于 $300\ \mu m$，这部分图像显示了真空火花中等离子体云的实际结构。

3.6 中子诊断技术

3.6.1 用于绝对中子生成测量的箔片活化中子探测器

许多核素（如 ^{115}In、^{107}Ag、^{109}Ag、^{103}Rh）都具有与热中子（<1 keV）发生（n，γ）反应的较大截面。这种反应的产物是伽马射线和目标核素的放射性同位素。通过测量放射性同位素衰变半衰期的活性，可以推算入射中子的通量。使用活化箔片为厚度小于 1 mm 的薄膜形式，以减少材料自身的放射性吸收。

考虑由 N_T 个核素组成的一片箔片。当该箔片暴露于通量密度为 ϕ 的热中子中且箔片平面垂直中子方向时，在任何时刻箔片诱导的放射性核素变化率为

$$\frac{dN}{dt} = N_T \sigma_a \phi - \lambda N \qquad (3-48)$$

式中，N 为任意时刻的放射性核素数；σ_a 为平均热中子活化截面；λ 为放射性核素衰变常数。

式（3-48）右边第一项是活化项，第二项代表激活的放射性核酸的衰变，它与激活过程同时出现。通过求解式（3-48），可以得到激活后 t 时间的箔片放射性核素数目。其解的形式为

$$N(t) = \frac{N_T \sigma_a \phi}{\lambda}(1 - e^{-\lambda t}) \qquad (3-49)$$

该关系式的曲线形式如图 3-42 所示。

如果 t 足够大，$N(t)$ 的值接近于常数，称为饱和活化，由下式给出

$$N_s = \frac{N_T \sigma_a \phi}{\lambda} \qquad (3-50)$$

实际上，箔片激活大约 5 个半衰期就可以达到饱和值的 95％以上。

我们来考虑连续源和脉冲源两类中子活性。

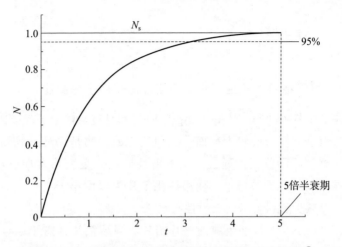

图 3 - 42　中子活化放射性核素数目随暴露时间的变化①

3.6.1.1　稳恒中子源

对于放置在离箔片一定距离、强度为每秒 S 个中子的稳恒且各向同性的中子源，在箔片表面的中子通量密度可以表示为

$$\phi = \frac{fS}{a} \tag{3-51}$$

式中，f 为发射的中子到达箔片的分数；a 为箔片面积。

因子 f 考虑了源与箔片之间吸收层（大气和用作调节剂的石蜡块）内的中子散射与吸收以及几何因素（立体角）。将 ϕ 代入式（3-50），得到

$$N(t) = \frac{N_T \sigma_a fS}{\lambda a}(1 - e^{-\lambda t}) \tag{3-52}$$

经过 t_a 激活时间后，放射性核素的活化为

$$A_o = \lambda N = \frac{N_T \sigma_a fS}{a}(1 - e^{-\lambda t_a}) \tag{3-53}$$

如果在激活之后立刻采用效率为 ε 的计数系统测量 t_i 时长的箔

---

① 图中 t 用 $1/\lambda$ 来表示；N 用相对 N_s 来表示。

片活性，则得到的总数目为

$$C = \varepsilon \int_0^{t_i} A_o \exp(-\lambda t) \, dt$$

$$= \left(\frac{\varepsilon f N_T \sigma_a}{a}\right) \frac{S}{\lambda} (1 - e^{-\lambda t_a})(1 - e^{-\lambda t_i})$$

(3-54)

该方程建立了总数与连续中子源强度之间的关系。如果固定了活化时间 t_a 和计数时间 t_i，可以写为 $C = KS$ 的形式。此时，K 为探测器配置的定标常数，如果能以足够精度已知所有常数，则可以用下式计算出该定标常数

$$K = \left(\frac{\varepsilon f N_T \sigma_a}{a\lambda}\right)(1 - e^{-\lambda t_a})(1 - e^{-\lambda t_i})$$

(3-55)

或者，也可以采用已知强度的源来标定探测器的方法确定 K

$$K = C/S$$

3.6.1.2　脉冲中子源

对于脉冲中子源，等价的源强度可以认为是总中子数 n 除以脉冲持续时间 τ（假定为方波脉冲），而激活时间等于脉冲持续时间。因此，式（3-54）可以改写为

$$C' = \left(\frac{\varepsilon f N_T \sigma_a}{a}\right) \frac{n}{\tau\lambda}(1 - e^{-\lambda\tau})(1 - e^{-\lambda t_i})$$

(3-56)

由于

$$\left(\frac{1 - e^{-\lambda\tau}}{\tau}\right) \xrightarrow[\tau \to 0]{} \lambda$$

可以得到

$$C' = \left(\frac{\varepsilon f N_T \sigma_a}{a}\right) \frac{n}{\lambda}(1 - e^{-\lambda t_i})$$

(3-57)

该式给出了探测器曝光得到的数目与脉冲源生成数 n 之间的关系。将式（3-57）与式（3-54）比较，可以得到

$$n = \frac{S}{\lambda}(1 - e^{-\lambda t_a}) \frac{C'}{C}$$

(3-58)

因此，箔片活性中子探测器可以用标准稳恒源来标定，然后用于测

量脉冲中子源的生成量，前提是，定标和脉冲中子测量使用相同的计数时间。因子表达式为

$$F = \frac{S}{\lambda}(1 - e^{-\lambda t_a})\frac{1}{C}$$

因子是采用强度为 S 的稳恒源标定的探测系统标定因子，其中 C 为计数时间 t_i 内得到的计数。

　　铟是一种用于脉冲中子源（如等离子体焦点）探测的材料。铟的活化与衰变图如图 3-43 所示。

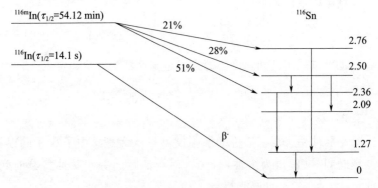

图 3-43　铟的中子活化与衰变图

　　天然的铟由 95.8% 的 ^{115}In 和 4.2% 的 ^{113}In 组成。在激活过程中，两种组分都会被激活。但是，^{113}In 的激活截面明显的小，因此，它的贡献可以被忽略。热中子激活 ^{115}In 可能会出现两个分支：其中一个分支具有约 160 靶（barn）的截面，产生放射性核素 ^{116m}In，另一个分支是 ^{116}In，其截面大约为 42 靶，产生 ^{116}In。这两种核素经过衰变都成为稳定核素 ^{116}Sn。

　　激活图：^{115}In $+ ^1$n $\rightarrow ^{116m}$In $+ \gamma [\sigma_a = (160 \pm 2)$ 靶$]$

　　　　　　^{115}In $+ ^1$n $\rightarrow ^{116}$In $+ \gamma [\sigma_a = (42 \pm 1)$ 靶$]$

　　两种衰变分支的存在，意味着必须要同时考虑它们对激活铟箔片放射性活性的贡献。但是，如果选择的激活时间和计数时间远低于 ^{116m}In 分支的半衰期（$\tau_{1/2} = 54.12$ min），则与 ^{116}In 相比，它的贡

献可以忽略不计。当选择 t_a 为 70 s（约 5 倍^{116}In 的半衰期）和 t_i 为 40 s（约 3 倍^{116}In 的半衰期）时就是这种情况。因此，对于铟箔中子活性探测器，可以得到

$$F = 19.4 \left(\frac{S}{C} \right)$$

式中，S 为标定时使用的标准中子源强度；C 为激活 70 s 后 40 s 时刻得到的计数。如果脉冲源在 40 s 时刻得到的计数是 C'，则脉冲产生的中子数为

$$n = F \times C'$$

需要注意，C' 必须是与 C 相同计数时间内的计数，也是相对于标准标定源获得的计数。

3.6.2　探测器配置

　　一种可能的中子箔片活性探测器配置如图 3 - 44 所示。该配置将活性箔片（铟）直接粘贴在与光电倍增管（PMT）耦合的塑料闪烁体上。PMT 通常安装在一个基座上，该基座由分压电路和用于阻抗匹配的发射极跟随器前置放大器（1∶1）组成。通过集成识别器的计数器完成 PMT 输出脉冲的计数。

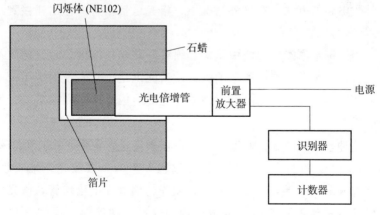

图 3 - 44　采用光电倍增管作为探测器的中子活性探测器的配置

　　另外，也可以采用图 3-45 所示的盖革-米勒管［Geiger Müller tube，GM 管］直接测量β⁻粒子。在这种情况下，将铟箔片缠绕在 GM 管上[5]。

　　在这两种配置下，探测器都封闭在一个含氢石蜡块中。石蜡的作用是使聚变中子热化，聚变中子是能量为 2.45 MeV 的快中子。

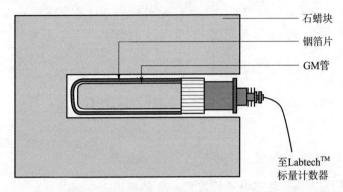

图 3-45　采用盖革-米勒管作为探测器的中子活性探测器的配置图

3.6.3　时间分辨的中子脉冲测量

　　通常会采用类似于图 3-46 所示的闪烁体-光电倍增管系统而没有计数电路的方法。在这种情况下，将光电倍增管的输出连接到示波器的输入端。

　　为了测量高能系统的中子，必须要屏蔽光电倍增管和它的支撑电路，使其免受电噪声的影响。这就给光电倍增管系统的应用带来了一些困难。最近，提出了一种采用光缆将闪烁体与光电倍增管耦合的系统。

　　这种系统如图 3-46 所示[5]。在该系统中，使用一个柱形闪烁体（NE102）进行中子探测。闪烁过程产生的光被荧光纤维吸收，并将它输出的光耦合到玻璃光纤，使光传输到光电倍增管，该光电倍增管与示波器一起置于屏蔽室内。这种方法能够使电气接口最小化。

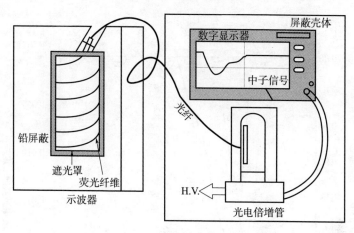

图 3-46 时间分辨的中子探测器配置

闪烁体-光电倍增管系统除了能够提供中子生成随时间演化过程外，还可以用于确定中子的能量。这是采用飞行时间技术实现的。实验配置如图 3-47 所示。采用两个或多个闪烁体-光电倍增管系统通道。如图 3-48 所示，采用最少的 2 个通道配置，放置在距离等离子体中子源的不同位置处，可以通过它们的信号得到已知距离的中子运动时间。因此，可以计算出中子的速度和能量。

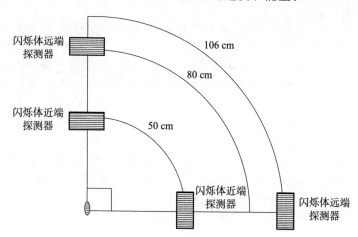

图 3-47 中子飞行时间测量的实验装置

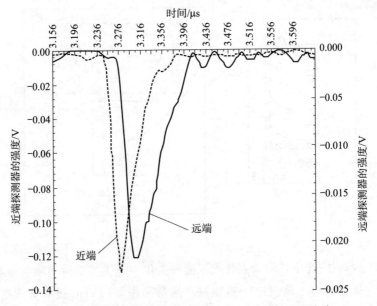

图 3 - 48　飞行时间测量得到的两个明显分离的中子脉冲

参 考 文 献

[1]　Wong CS（1985）Simple nanosecond capacitive voltage divider. Rev Sci Instruments 56：767 - 769.

[2]　San Wong C，Choi P，Leong WS，Singh J（2002）Generation of high energy ion beams from a plasma focus modifie for low pressure operation. Jpn J Appl Phys 41：3943 - 3946.

[3]　Moo SP，Wong CS（1995）Time resolved hard X - ray emission from a small plasma focus. Laser Part Beams 13：129 - 134.

[4]　Wong CS，Moo SP，Singh J，Choi P，Dumitrescu - Zoita C，Silawatshananai C（1996）Dynamics of X - ray emission from a small plasma focus. Mal J Sci 17B：109 - 117.

[5]　Yap SL（1998）A study of the temporal and spatial evolution of neutron emission from a plasma focus. MSc Thesis，University of Malaya.

一般参考文献

[6] Huddlestone Richard H，Leonard Stanley L（eds）（1965）Plasma diagnostic techniques. Academic Press Inc. ，New York.

第4章　小型等离子体设备的实例

摘　要　在本章中，将基于几种小型等离子体设备，简要地讨论其工作原理、实验配置以及作者与合作者完成的一些研究工作结果。

关键词　成本；效益；等离子体；设备

4.1　电磁激波管[1]

电磁激波管原理图如图 4-1 所示。电极采用同轴配置电极。两电极的绝缘通过底部壁面的石英柱体实现。沿着绝缘体表面以面放电的方式启动放电，形成电流层。该电流层通过 $J \times B$ 力推离绝缘体表面，直至最终垂直于两电极并准备沿轴向移动。

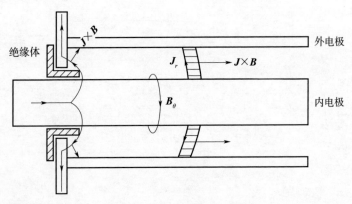

图 4-1　电磁激波管原理图

电流沿着石英绝缘体表面启动并剥离的初始阶段称为击穿阶段。在击穿阶段，气体的加热主要是焦耳加热效应起作用，这是预电离阶段，在随后的轴向加速阶段之前形成充分电离的等离子体。这是必要的，因为等离子体的有效激波加热要求等离子体是充分电离的。

在轴向加速阶段，电流层受电磁力所驱动，该电磁力起到轴向电磁活塞的作用。轴向放电电流自身会产生方位向磁场 B_θ，该磁场大小由下式给出

$$B_\theta = \frac{\mu I}{2\pi r}$$

B_θ 是时间和径向位置 r 的函数。该磁场仅出现在电流层的后面。电流层前面的磁场为零。可以看出，它在内电极表面的强度比外电极的内表面更强。这就导致了一种如图 4 - 1 所示的电磁活塞倾斜结构。在激波管下游方向（z 方向），$\boldsymbol{J} \times \boldsymbol{B}$ 力大小可以表示为

$$\int_a^b \frac{B_\theta^2}{2\mu} 2\pi r \, \mathrm{d}r$$

式中，a 为内电极半径；b 为外电极的半径。该力将驱动电磁活塞达到超声速，以便形成激波加热的等离子体层。对于 100 kA 的放电电流，这种方式可以使活塞速度高达 10×10^4 m/s，这种速度足以生成完全电离的氢等离子体。$\boldsymbol{J} \times \boldsymbol{B}$ 力的另一个分量沿径向作用，但由于存在固体内电极而无法运动。

4.1.1　电磁激波管动力学的数学建模

将激波管简化为如图 4 - 2 所示的几何形状，可以建立电磁活塞的动力学模型。假定：1）当电流层首次垂直于两电极时，电流层在该位置上从零速度启动，因此，电极的有效长度（z_0）应当从柱形石英绝缘体的棱边起算；2）电流层不倾斜，而是垂直于两个电极，从内电极表面指向外电极。

活塞的运动方程可以写为

$$\frac{\mathrm{d}}{\mathrm{d}t} \left[\rho_1 \pi (b^2 - a^2) z \left(\frac{\mathrm{d}z}{\mathrm{d}t} \right) \right] = \int_a^b \frac{B^2}{2\mu} 2\pi r \, \mathrm{d}r$$

将 $\boldsymbol{B}$ 的表达式代入并整理，可以得到电流层轴向加速度

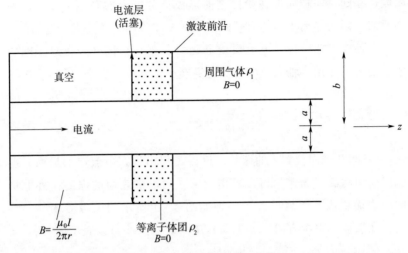

图 4-2 电磁激波管动力学模型

$$\frac{\mathrm{d}^2 z}{\mathrm{d}t^2} = \frac{\dfrac{\mu_0}{4\pi^2\rho_1}\left[\dfrac{\ln\left(\dfrac{b}{a}\right)}{b^2-a^2}\right]I^2-\left(\dfrac{\mathrm{d}z}{\mathrm{d}t}\right)^2}{z}$$

如果电流随时间的变化 $I(t)$ 已知，则解该微分方程可以得到轴向电流层的速度 $\left(\dfrac{\mathrm{d}z}{\mathrm{d}t}\right)$。另外，电流层的动力学对放电电流的影响问题，可以通过建立耦合的电路方程并与运动方程同时求解的方法来解决。电路方程可以参考电容器放电系统的等效电路来建立。假定为电感模型，有

$$\frac{\mathrm{d}}{\mathrm{d}t}\left[(L_0+L_\mathrm{p})I\right]\gg I(R_0+R_\mathrm{p})$$

则电路方程可以简化为

$$\frac{\mathrm{d}}{\mathrm{d}t}\left[(L_0+L_\mathrm{p})I\right]=V_0-\frac{\displaystyle\int_0^t I\,\mathrm{d}t}{C}$$

整理后可以得到电流变化率为

$$\frac{\mathrm{d}I}{\mathrm{d}t} = \frac{V_0 - \dfrac{\displaystyle\int I\,\mathrm{d}t}{C} - \dfrac{\mu_0}{2\pi}\ln\left(\dfrac{b}{a}\right)I\,\dfrac{\mathrm{d}z}{\mathrm{d}t}}{L_0 + \dfrac{\mu_0}{2\pi}\ln\left(\dfrac{b}{a}\right)z}$$

该方程与动力学方程同时求解前，通常对方程进行归一化处理。采用下列归一化参数

$$\xi = \frac{z}{z_0}, \tau = \frac{t}{t_0}, \iota = \frac{I}{I_0}$$

式中，z_0 为电极有效长度；I_0 为"短路"电流，$I_0 = V_0\sqrt{\dfrac{C}{L_0}}$；$t_0 = \sqrt{L_0 C}$ 为放电特征时间。

方程的归一化形式为

$$\frac{\mathrm{d}^2\xi}{\mathrm{d}\tau^2} = \frac{\alpha^2\,\iota^2 - \left(\dfrac{\mathrm{d}\xi}{\mathrm{d}\tau}\right)^2}{\xi}$$

$$\frac{\mathrm{d}\iota}{\mathrm{d}\tau} = \frac{1 - \displaystyle\int \iota\,\mathrm{d}\tau - \iota\beta\,\dfrac{\mathrm{d}\xi}{\mathrm{d}\tau}}{1 + \beta\xi}$$

其中，α 和 β 是由 $\alpha = t_0/t_a$ 和 $\beta = L_a/L_0$ 确定的尺度参数，其中

$$t_a = \sqrt{\frac{4\pi^2(b^2 - a^2)\rho_1 z_0^2}{\mu_0\ln\left(\dfrac{b}{a}\right)I_0^2}}$$

为特征动力学时间。

β 为最大激波管电感 $L_a = \dfrac{\mu_0 z_0}{2\pi}\ln\left(\dfrac{b}{a}\right)$ 与电路电感的比值。

采用下列边界条件可以求解该方程

$$\tau = 0, \xi = 0, \iota = 0, \frac{\mathrm{d}\iota}{\mathrm{d}\tau} = 1, \int \iota\,\mathrm{d}\tau = 0, \frac{\mathrm{d}^2\xi}{\mathrm{d}\tau^2} \xrightarrow{\tau \to 0} \frac{\alpha}{\sqrt{2}}$$

当 $\xi = 1(z = z_0)$ 时，计算停止。

图 4 - 3 给出了该方程一个解的实例。

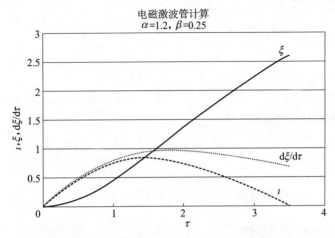

图 4 - 3　电磁激波管 (EMST) 动力学模型的解

　　由于真实等离子体放电中，放电电流有可能被拆分成多个电流层（电流脱落效应）且并不是所有气体粒子都能够被电流层带走（质量脱落效应），这个方程的解不可能是精确的。有研究工作认为[2]，由电流层携带形成等离子体的质量可能不到全部质量的 30%。这两种效应以相反的方式影响电流层的动力学特性。电流脱落效应倾向于使实验测量的动力学比模型预测的动力学慢，而质量脱落效应却倾向于使实验测量的动力学更快。

4. 1. 2　电磁激波管动力学的实验测量

　　由于电磁激波管生成等离子体的条件与它的电流层动力学特性密切相关，有必要在设备研究中测量放电过程产生的激波速度或活塞速度。这种测量通常采用拾波线圈来完成。

　　拾波线圈由几匝直径毫米量级的铜线制成，它会“拾取”穿过它的局部磁通量。因此，它能够记录电磁激波管中电流层到达时间，示意图如图 4 - 4 所示。

　　在假定电流层非常薄的理想情况下，与 $B(t)$ 相对应的拾波线圈记录信号会出现一个表明电流层到达的尖峰。但是，真实的电

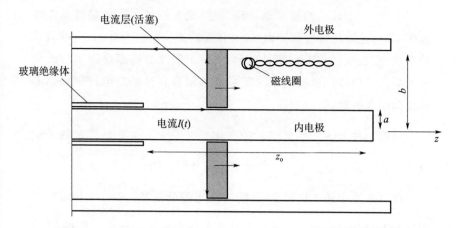

图 4 - 4　采用磁探头测量电磁激波管电流层动力学特性的实验装置

流层可能是弥散的，因此，实际记录的 $B(t)$ 信号图像将如图 4 - 5 所示。

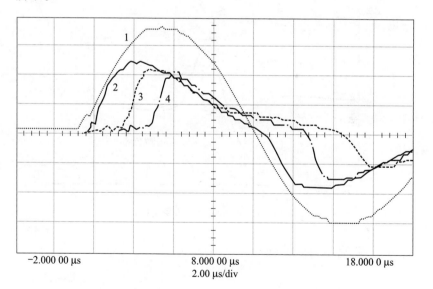

图 4 - 5　在电磁激波管三个位置（波形 2、波形 3、波形 4）的
磁探针测量信号及放电电流信号（波形 1）

图 4-5 中显示的信号是：1）由罗戈夫斯基线圈测量的总放电电流；2）至激波管底部壁面 2 cm 位置的磁探针信号；3）至激波管底部壁面 6 cm 位置的磁探针信号；4）至激波管底部壁面 10 cm 位置的磁探针信号。根据这三个信号能够很容易推断出电流层到达不同轴向位置的时间。

另外一种方法是测量磁场的变化率 $\left(\dfrac{\mathrm{d}B}{\mathrm{d}t}\right)$，而不是测量磁场本身。这在实验上就意味着要移除 RC 积分器，用一个 50 Ω 的终端器来替代（或一个输入电阻 50 Ω 的 ×10 电阻分压器）。$\left(\dfrac{\mathrm{d}B}{\mathrm{d}t}\right)$ 信号幅度明显大于 B 信号幅度，因此，在技术上更容易进行测量。需要指出，在这种情况下，电流层到达时间对应于磁探针信号的峰值，在图 4-6 中，该时刻在 $\left(\dfrac{\mathrm{d}B}{\mathrm{d}t}\right)$ 信号中用 "X" 标出。

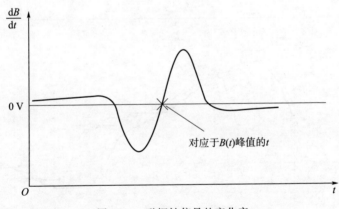

图 4-6　磁探针信号的变化率

4.2　等离子体聚焦

4.2.1　引言

等离子体聚焦是 20 世纪 60 年代作为一种可能的热核聚变设备提出的[2]。1962 年，由菲利波夫领导的苏联库尔恰托夫研究所的研究团队提出了一种对线性 Z-箍缩的改进方法，即采用一个反向箍缩作为预箍缩阶段。在径向箍缩作用开始之前，预箍缩阶段为等离子体提供了一定预加热。1964 年，美国洛斯阿拉莫斯国家实验室的马瑟和他的团队也提出了类似的概念。马瑟的等离子体聚焦设计起源于电磁激波管，除了反向箍缩外，还增加了第二阶段轴向加速作为预箍缩阶段。两种设计的明显差别是它们的几何形状。菲利波夫设计的内电极直径大、长度短，而马瑟设计的内电极直径小、长度长。

自等离子体聚焦的首次报告以来，等离子体聚焦装置已经在世界各地许多实验室中进行了研究，最初主要侧重于热核聚变。近年来，等离子体聚焦正在开展可能作为便携式脉冲中子源、辐射（紫外至 X 射线）源和带电粒子束（电子和离子）源的研究。

4.2.2　等离子体聚焦放电特性[3]

等离子体聚焦放电可以描述为三个主要阶段：1）反向箍缩（或启动）阶段；2）轴向加速阶段；3）径向压缩（箍缩）阶段，如图 4-9（b）所示。在菲利波夫型等离子体聚焦中，实际不存在轴向阶段；而在马瑟型等离子体聚焦中，这个阶段在聚焦动力学中要起主要作用。

等离子体聚焦放电系统与 4.1 节中描述的电磁激波管基本相同。放电的初始阶段与电磁激波管类似，由启动段和轴向加速段组成。但是，当电流层达到两电极的末端时，电流层将会继续沿轴向从电极推出，因而产生了一个径向向内的电磁力作用附加维度。这就产生了相当于轴向延长的径向压缩 Z-箍缩。这就是等离子体聚焦动力学的径向压缩阶段。这个径向压缩发生得非常快，时间尺度在纳秒量级，在这个阶段末产生的等离子体，其电子温度达几千电子伏特，电子密度达到 10^{19} cm^{-3}。由于具有高温和高密度，聚焦的等离子体成为一种包含 X 射线、电子和离子束的辐射发射源，且当使用氘作为工作气体时，将会产生聚变中子。

　　等离子体聚焦放电最基本的实验测量参数是放电电流和两电极之间的电压。具体来说，采用聚焦管背面围绕内电极安装的罗戈夫斯基线圈测量放电电流，采用简单的电阻分压器测量两电极之间的电压降。图 4-7 给出了典型聚焦放电电流和电压信号的实例。在产生致密热等离子体期间，聚焦作用产生的标志是明显的电压尖峰和电流骤降。

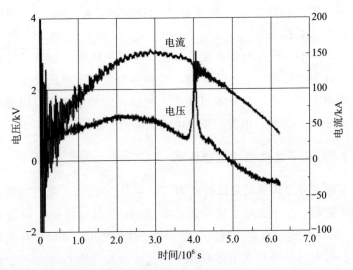

图 4-7　聚焦放电的电压尖峰和电流骤降特征

4.2.3　设计思路

　　等离子体聚焦系统设计的第一步基于轴向加速段的动力学模型来考虑。主要设计准则是匹配放电电流（t_r）上升时间与电流层到达内电极端点的时间（t_z），后者实际是轴向加速段终点的时间，t_r 为放电周期时间的四分之一，由下式给出

$$t_r = \frac{2\pi\sqrt{L_0 C}}{4}$$

t_z 由下式给出

$$t_z \approx 2t_a = 2\sqrt{\frac{4\pi^2(b^2-a^2)\rho_1 z_0^2}{\mu_0 \ln\left(\frac{b}{a}\right)I_0^2}}$$

令这两个特征时间匹配，则有

$$\frac{64(b^2-a^2)z_0^2}{\mu_0 \ln\left(\frac{b}{a}\right)}\frac{\rho_1}{C^2 V_0^2}=1$$

另一个应该满足的条件是可能达到的速度。我们需要确定电流层的特征速度，实现合理的等离子体加热所必需的电流层特征速度约 10 cm/μs。通过设置

$$U_c = \frac{z_0}{t_a} = \sqrt{\frac{\mu_0 \ln\left(\frac{b}{a}I_0^2\right)}{4\pi^2(b^2-a^2)\rho_1}} = 10^5 \,(\text{m/s})$$

则匹配条件变为

$$z_0 = \frac{\pi}{4}\times 10^5\sqrt{L_0 C}$$

我们可以从给定的电容器开始，估算包含电容器本身在内的系统电感，然后通过上述表达式确定电极的长度。例如，如果所用电容器的电容为 30 μF，我们估算出系统的电感不超过 110 nH，则电极长度 0.14 m 是最合适的。

固定了 C 和 z_0，则可以根据下式匹配 ρ_1，V_0，b 和 a

$$\frac{64(b^2-a^2)z_0^2}{\mu_0 \ln\left(\frac{b}{a}\right)}\frac{\rho_1}{C^2 V_0^2}=1$$

在 $a < b \ll z_0$ 的限定情况下，可以画出与该条件相匹配的参数曲线。首先根据所用的电容器固定 V_0，然后再考虑工作气体压力（ρ_1）可能是符合逻辑的。这样就能寻求到适当的 a、b 参数组合。对于其他的 V_0 和 ρ_1 可以重复这个过程。

最后，仍有必要通过实验的精细调节，最终获得一组等离子体聚焦的最优运行参数。

4.2.4　等离子体聚焦放电的 X 射线发射

在等离子体聚焦放电期间，有两种机制会导致 X 射线发射[4-6]。第一种机制是在径向压缩阶段结束时产生的热致密等离子体。由于电子温度 T_e(keV)，电子密度 n_e(10^{19} cm^{-3}) 的条件，导致等离子体会发射处于 X 射线区能量的光子。此时，连续谱辐射峰值（韧致辐射和复合辐射）在几 Å 量级，而线辐射源自 X 射线区的内层跃迁（高电离组分的 K_α、K_β）。第二种机制由高能电子束与内电极表面相互作用引起。由于径向压缩阶段结束不久的磁流体（MHD）不稳定性发展，会引起局部强电场，因而产生高能离子束和高能电子束。电子束轰击内电极的表面会产生硬 X 射线，硬 X 射线主要来自电极材料（大多数情况是铜）的 K_α 线辐射。线辐射的另一个可能来源是电子束溅射阳极产生的铜蒸汽对聚焦等离子体的污染[7]。

在任何类型的等离子体聚焦放电中，都可能观测到这两种类型的 X 射线发射，如图 4-8 所示。在该放电中，观测到 X 射线脉冲与电压峰值一致，也与电压峰值之后 50 ns 以上的时间一致。

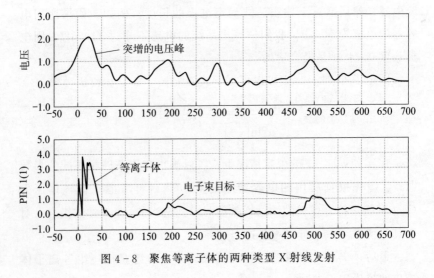

图 4-8　聚焦等离子体的两种类型 X 射线发射

观测到等离子体聚焦的 X 射线发射区域具有复杂的结构。通常，从实验获得的 X 射线图像可以看到内电极的尖端。在内电极的上部可以观测到等离子体柱的 X 射线图像，通常在其上叠加点状结构[8,9]。图 4 - 9 为等离子体聚焦的 X 射线图像的例子。

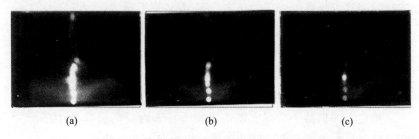

　　　　　(a)　　　　　　　　　　(b)　　　　　　　　　　(c)

图 4 - 9　聚焦等离子体的点状结构 X 射线图像

这组 X 射线图像是采用不同吸收滤光片从同一个等离子体聚焦放电中获得的，其中：图 4 - 9 （a） 为 48 μm 镀铝聚酯薄膜；图 4 - 9 （b） 为 48 μm 镀铝聚酯薄膜加 10 μm 铝；图 4 - 9 （c） 为 48 μm 镀铝聚酯薄膜加 20 μm 铝。这些滤光片能够显示不同 X 射线硬度的区域。图 4 - 9 （a） 显示出了等离子体正柱区，图 4 - 9 （b） 和 （c） 显示出同时存在发射硬 X 射线的小斑点。这些 X 射线小斑点是圆形的，表明它们的尺度可能小于针孔相机所用的针孔尺度。

等离子体聚焦 X 射线的一种应用是 X 射线平面印刷。很多实验室都开展了这种应用可行性的研究。等离子体聚焦用作脉冲 X 射线源时，常常采用高 Z 气体 （如氙和氪） 作为工作物质[10,11]。

4.2.5　中子发射

当氘作为工作气体时，业已证明等离子体聚焦在径向压缩阶段结束时能够达到聚变的条件，因而导致中子生成。然而，有证据表明，聚焦等离子体发射的中子并不是全部源自热核。事实上，这也是可以预料到的，因为等离子体聚焦达到的最终温度仅为几千电子伏特的量级。由于氘原子具有动能，任何聚变反应必定在等离子体能谱的高能尾部。实际上，很大比例的中子（在小等离子体聚焦情况下可能高于 60%）是束靶效应产生的。高能离子束（这种情况下是氘核束）是由于不稳定性引起局部电场而产生的。

非热核中子发射的证据之一是，通过 3.6.3 节中所描述的中子飞行时间技术测量的中子能量为 2.8 MeV 而不是 2.45 MeV。

第二个证据是，中子发射的角度分布是各向异性的，沿端面方向（0°）测得的中子生成与沿侧面方向（90°）的中子生成之比大于 1。例如，在一组测量结果中，端面和侧面方向测量的中子生成之比达到 1.5[12]。

第三个证据是，采用高斯曲线拟合技术对时间分辨的中子脉冲测量结果分析表明，中子脉冲能够分解为两个高斯脉冲（图 4 - 10），表明可能存在两种中子组分。对应电压尖峰的第一个脉冲被认为是天然热核产生，第二个脉冲是氘核束靶机制所导致[13]。

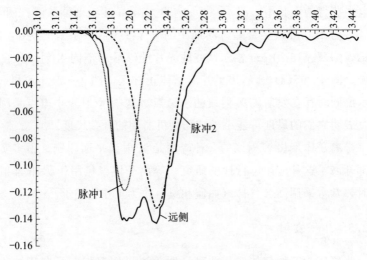

图 4 - 10　聚焦等离子体的两种中子发射

4.2.6　粒子束发射

等离子体聚焦中的高能电子束存在被认为与局部强电场现象紧密相关，如径向箍缩阶段的快速压缩和不稳定性。业已发现这两种机制都存在，也确实观测到了电子束生成的两个周期。在第一周期内观测到的电子束被认为与第一次最大压缩相关，测得的能量达 180 keV。第二周期电子束（与 $m = 0$ 不稳定性有关）的能量要低很多[14,15]。

在电子束生成的同时，同样的局部电场也会导致高能离子束的生成[16,17]。有文献报道，离子束能量高达 MeV 量级。观测到平均氮离子束能量约 180 keV，这与观测到的电子束平均能量是一致的。最近，关于等离子体聚焦生成的离子束用于不同材料表面纳米尺度结构改性应用已有很多报道[18-20]。

4.3　真空火花

真空火花是一个众所周知的高强度脉冲 X 射线源以及高度剥离的离子源，如 Fe‐XXVI、Ni‐XXVII、Mo‐XIII‐XVIII。鉴于真空火花的 X 射线光谱与太阳耀斑的光谱非常相似，在实验室中也用真空火花来模拟太阳耀斑现象。

与等离子体聚焦相比，真空火花的配置相对简单。它由一对间距小于 1 cm 的电极组成并置于真空环境中（典型情况下 $P < 10^{-3}$ mbar 已足够，1 mbar＝100 Pa）。采用一个电容器将两电极直接相连，不使用开关。当电容器被充电到高电压 V 时（典型条件下在 10～30 kV 范围），由于压力与电极间距的乘积 pd 值位于帕邢曲线最小值的左侧，因而高真空阻止了电极间的间隙击穿。通过下列方法之一注入阳极材料蒸汽（部分电离的）来启动放电：1) 利用阴极和第三电极之间的滑动火花产生一些电子，这些电子被电场加速后轰击阳极生成阳极蒸汽[21]；2) 聚焦一束高能脉冲激光束直接汽化阳极材料[22]；3) 利用瞬态空心阴极电子束汽化阳极材料[23,24]。

图 4‐11 为真空火花等离子体的测量结果。真空火花的电子温度可高达 8 keV，密度达到 $10^{20} \sim 10^{21}$ cm^{-3}。形成的等离子体结构可以由等离子体云和源尺寸 100～200 μm 的微小斑点组成。在该图像中，也可以看到阳极端点由于被电子轰击所导致的 X 射线发射。

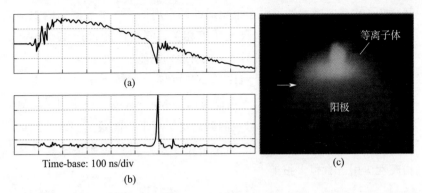

图 4 - 11　典型真空火花等离子体的 (a) dI/dt 信号；
(b) X 射线脉冲；(c) X 射线针孔图像

真空火花等离子体的 X 射线发射光谱由连续辐射和线辐射混合体构成。它的光谱可以分为三类，即等离子体发射为主（主要为连续辐射）、电子束-目标发射为主（主要为线辐射）或两种类型发射的混合。对于等离子体发射为主的放电，电子温度在 $3\sim10$ keV 范围。对于线辐射为主的 X 射线光谱的放电，等离子体发射相对弱些，X 射线光子的主要来源是电子束轰击阳极致使阳极材料的强 K_α 发射。强高能电子束可以通过预击穿瞬态空心阴极（用于主放电启动）而产生，也可以通过等离子体箍缩效应最后阶段 $m=0$ 的强不稳定性产生。

4.4　小尺度的真空火花——X 射线闪光灯管

考虑到瞬态空心阴极效应引起的真空火花击穿前阶段电子束靶的线辐射发射观测结果，可以根据输入能量将真空火花系统按比例缩小，用作 X 射线闪光灯管[25-27]。X 射线闪光灯管的原理图如图 4 - 12 所示。

X 射线闪光灯管与真空火花的工作原理完全相同，但是主放电电流低，因此，产生的等离子体达不到生成 X 射线所要求的热能。从图 4 - 12 可以看出，放电由 8 个电容分别为 2.7 nF 的陶瓷电容器

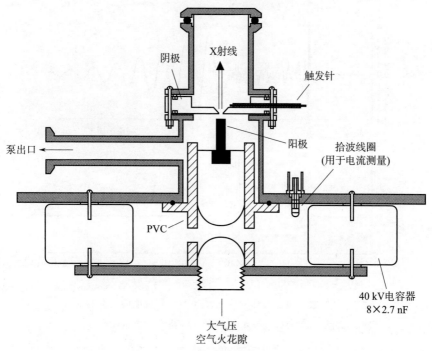

图 4 - 12　闪光灯 X 射线管的原理图

[文献［26］，Copyright（2007）剑桥大学出版社许可]

供电，与高能版本使用的 1.85 μF 电容相比，其总电容仅为 21.6 nF。当在 20 kV 电压下放电时，X 射线闪光灯管输入电能仅为 4.32 J，而在真空火花情况下是 370 J。然而，当电极之间施加相同电容器放电电压时，由于瞬态空心阴极的电子束轰击，两种情况下的电子束靶 X 射线发射强度预计是相同的。由 X 射线闪光灯管产生的 X 射线脉冲的例子如图 4 - 13 所示。

最近，已有将 X 射线闪光灯管作为 X 射线源在小生物样品辐射成像[26]以及纤维计量计热致发光响应测试方面的应用报道[28,29]。

X 射线闪光灯管的 X 射线发射光谱很容易通过调整阳极材料而改变。图 4 - 14 为铝（Al）、钛（Ti）、铜（Cu）和钨（W）的 X 射线发射光谱（从上到下）[26]。

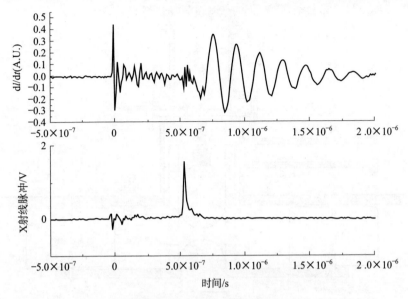

图 4 - 13　放电电流波形和闪光灯 X 射线管放电的 X 射线脉冲

［文献［26］，Copyright（2007）剑桥大学出版社许可］

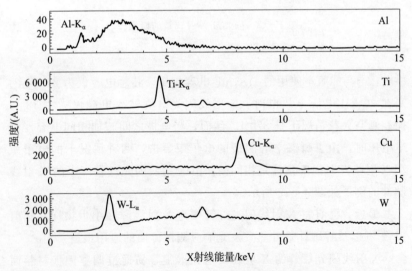

图 4 - 14　X 射线闪光灯的 X 射线发射光谱

［文献［26］，Copyright（2007）剑桥大学出版社许可］

4.5　脉冲毛细管放电

脉冲毛细管放电已被证明是一种丰富的紫外和软 X 射线源。最近，由于在毛细管放电中成功地演示了在波长 $\lambda = 46.9$ nm 处类似于氖的氩 $3s^1P_1 - 3p^1S_0$ 谱线幅度，这种装置引起了多领域研究者的研究兴趣。

脉冲毛细管放电本质上是仅在小直径毛细管通道内发生的 Z-箍缩放电。图 4-15（a）所示的是由电容器放电供电的毛细管放电的实例。该系统的放电由 6 个并联的 30 kV、3.6 nF 门把手电容器供电，以提供 9.7 J 的最大放电输入能量。毛细管由内直径 1 mm、长度 10 mm 的石英管制成。系统被抽真空到 10^{-5} mbar 的压力。为了实现放电，首先将电容器充电到预定的高电压。然后将高电压施加到触发针上以启动空心阴极区的瞬态空心阴极放电，接下来空心阴极区域会通过毛细管引起主放电。

图 4-15（b）所示的是一个典型 24 kV 放电的毛细管放电系统放电电流波形和辐射发射脉冲。放电电流由拾波线圈（磁探针）测量，X 射线脉冲由 PIN 二极管测量，紫外脉冲由能够敏感紫外脉冲的硅光电二极管测量。峰值电流接近 8 kA。

从图 4-15（b）可以看出，放电可以分为两个阶段：启动阶段和主放电阶段。在主放电开始之前的启动阶段，放电电流从一个尖峰脉冲开始，随后缓慢上升。最初的 24 kV 高电压分配于毛细管和外部火花隙之间。在完全放电发生之前，由于阴极和阳极之间的维持电压，会吸引空心阴极区内源自触发脉冲的电子穿过毛细管而撞击阳极。这就产生了在 X 射线区内可观测到的低能 X 射线发射。图中的小尖峰电流脉冲对应于外部火花隙的点火，该火花隙点火会将全部电压转移到毛细管两端。这就使得电子束的活性进一步增强，最后导致电子雪崩而形成电子束，这种电子束轰击阳极会产生大量 X 射线信号。随后发生毛细管之间主放电间隙的击穿。毛细管放电等离子体的形成，伴随有波长 11～18 nm 范围的紫外光谱、辐射能量为 30 mJ 的发射辐射。该脉冲毛细管放电等离子体的电子温度约 10 eV。

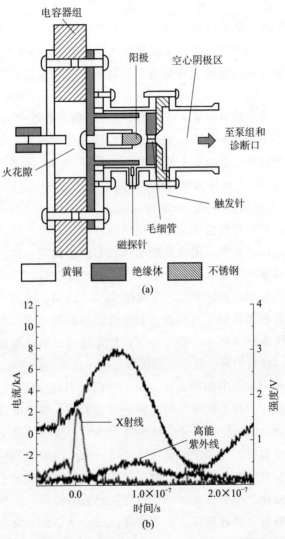

图 4-15　（a）脉冲毛细管装置示意图；（b）等离子体发射的 X 射线脉冲和紫外辐射引起的放电电流和预击穿电子束［图 4-15（a）引自文献［30］，Copyright（2014）Elsevier 许可］

4.6　50 Hz 交变电流辉光放电系统

任何等离子体系统都有两个主要成本因素。第一个因素是低或超低工作压力。建立高真空意味着需要较大的预算购置高真空设备，其费用包括真空泵系统和压力监控，两者都比较昂贵。因此，近年来越来越多的研究人员在努力发展大气压下的放电技术。第二个因素是电源。与射频、微波甚至直流电源相比，50 Hz 交流电源是低成本电源，可以采用家用电源通过升压变压器直接获得。采用 50 Hz 交流电源的另一个优点是不需要阻抗匹配网络，这是降低费用一项重要的因素。放电电流可以采用简单的微安表或万用表来测量。由于放电电压一般在千伏范围，可以使用与电阻分压器耦合的电压表。

图 4 - 16 所示的是 50 Hz 辉光放电系统实例的示意图。系统由放电容器、回旋泵、升压变压器和气流控制等部分组成。电极为两个圆形不锈钢平面。系统运行非常简单。击穿之后，通过限流电阻 R 将放电电流控制在辉光放电范围之内，通常在毫安范围。

生成等离子体的电子温度和密度可以采用图 4 - 16 中标出的朗缪尔探针来测量。在一系列实验中，采用峰值-峰值电压为 16 kV 的放电电压、在 0.3～0.6 mbar 工作压力下生成了氩气辉光放电等离子体。在位于等离子体柱的中心处采用朗缪尔探针获得了一组 I - V 特性曲线。实验是在电极内间距 2 cm 条件下完成的。图 4 - 17 是所获得的 I - V 特性曲线。

在电极内间距 2 cm 条件下，电子密度和电子温度随着压力的变化如图 4 - 18 所示。

可以看出，随着压力从 0.3～0.6 mbar 变化，电子密度增加，电子温度降低。最高电子密度为 3.58×10^{16} m^{-3}，最高电子温度为 5.98 eV。电子密度随着压力的增加被认为是更强电离的作用。由于压力增加会导致中性粒子密度增加，因此，由于电子与中性粒子的碰撞，等离子体中电子能量损失的概率会增加。因此，随着压力的

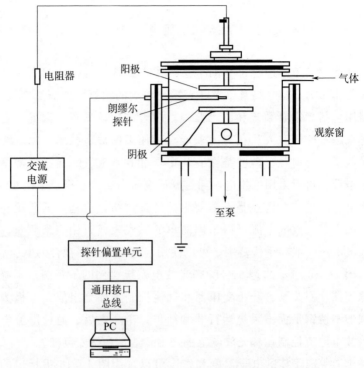

图 4 - 16　50 Hz 交流辉光放电系统的示意图

增高，电子的能量降低，即电子温度降低。值得注意的是，一方面，对于特定压力，与电极内间距 1.5 cm 相比，电极内间距 2 cm 时的等离子体密度是增加的。另一方面，对于特定压力，与电极内间距 1.5 cm 相比，电极内间距 2 cm 时电子温度是降低的。可以认为，当电极内间距增加时，电子碰撞增强，导致等离子体密度增加。由于碰撞增强导致电子能量损失，这也是随着电极内间距增加电子温度降低的原因。

　　50 Hz 辉光放电等离子体已成功用于生物材料（如明胶和泰国丝绸素蛋白）的处理，用以改进其表面的可湿性[31-35]。

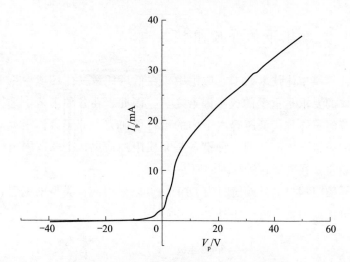

图 4 - 17　朗缪尔探针的典型 $I - V$ 特性实例

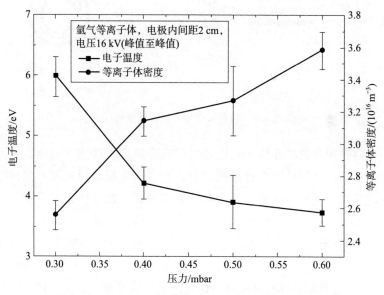

图 4 - 18　电子温度和电子密度随压力变化

4.7　大气压下的介质阻挡放电

在等离子体技术的工业应用中，在低压任意气体环境中生成等离子体的要求是重要的成本因素之一。因此，在各种工艺中采用大气压等离子体替代低压等离子体的可行性研究引起了人们很大的兴趣。完全符合该准则的一种设备是介质阻挡放电，全球范围内的小型实验室都在开展这种技术的研究。

介质阻挡放电（或简写为 DBD）可以采用两种类型的配置，平行板电极或同轴电极，如图 4-19 所示。

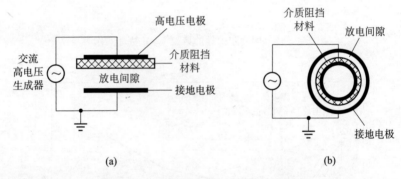

图 4-19　两种可能的介质阻挡放电配置

两种配置的共性特征是电极之间有介质层，以便在两电极之间施加振荡电势时，在介质阻挡层表面和一个电极表面之间产生间歇电流脉冲。这些电流脉冲通常会突发出现在交流电压正半周期和负半周期，如图 4-20 所示[36,37]。每个电流脉冲的脉冲宽度都不大于200 ns，如图 4-21 所示[38]。采用同轴 DBD 也观测到类似的放电特征。

柱形同轴 DBD 特别适合用作气体化学反应器。已经测试了同轴 DBD 作为化学反应器的一个实例，表明能够有效地将氧气转换为臭氧[39]，也可用来离解一氧化氮[40,41]。

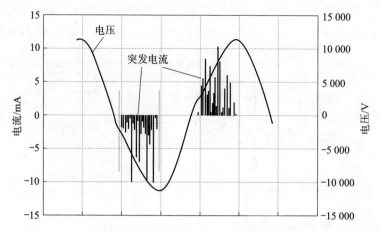

图 4-20　50 Hz 介质阻挡放电的两个突发电流脉冲以及对应的正弦电压波形

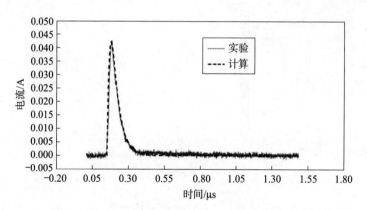

图 4-21　脉冲宽度 200 ns 的电流脉冲

　　对于诸如材料表面处理这样的平面形 DBD 应用，需要更均匀的平面辉光放电。对于这种应用，必须采用千赫兹频率的电压源[42]。

4.8　用于纳米粉末制作的线爆系统

　　线爆工艺是一种有效用于纯金属或它们的化合物纳米颗粒合成的简单技术。脉冲放电系统与图 4-22 示意的真空火花类似。在这个特定系统中，放电由电容为 1.85 μF、放电电压 50 kV 的高压电容器供电。

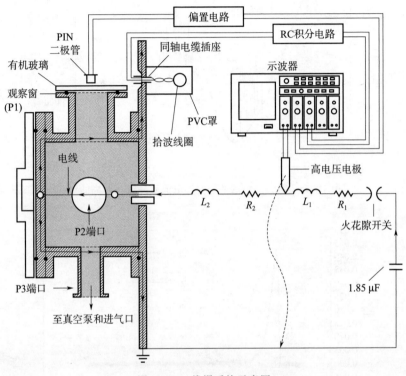

图 4-22　线爆系统示意图

然而，对于线爆过程，15 kV 放电电压通常就已足够。容器直径9.4 cm，高度 10.3 cm。拾波线圈和高压探针分别用于记录线爆过程的电流与电压信号，PIN 二极管（BPX65）可用来记录线爆过程和随后蒸汽放电过程的光（可见光和紫外）发射。根据电流和电压测量结果，可以计算得到贮存于电线中的能量。线爆过程的测量结果表明，流过电线的电流密度为 106 A/cm²。这种导电性一直持续到蒸汽达到光学上很厚的，PIN 二极管仅能探测到来自表面发射的辐射为止。在这个阶段，会出现一个电离的等离子体柱。接下来，由于等离子体与周围气体之间温度和压力的明显差别，等离子体开始向周围背景气体中扩散。在这个扩散过程中，扩散的等离子体粒子被快速制冷形成过饱和的蒸汽，这将经历一个纳米颗粒的均匀成核过程。业已发现，周围气体的类型以及它的压力对纳米颗粒的形成有很大的影响[43-47]。

参 考 文 献

[1] Lee S（1985）Experiment 1：electromagnetic shock tube. In：Lee S，Tan BC，Wong CS，Chew AC（eds）. Laser and plasma technology. World Scientific Publishing Co. Pvt. Ltd，Singapore.

[2] Bernard A，Bruzzone H，Choi P，Chuaqui H，Gribkov V，Herrera J，Hirano K，Krejci A，Lee S，Luo C，Mezzetti F，Sadowski M，Schmidt H，Ware K，Wong CS，Zoita V.（1998）Scientific status of plasma focus research. J. Moscow Phys. Soc. 8：93 – 170.

[3] Lee S（1985）Experiment II：plasma focus experiment & technology of plasma focus. In：Lee S，Tan BC，Wong CS，Chew AC（eds），Laser and plasma technology. World Scientific Publishing Co. Pvt. Ltd，Singapore.

[4] Choi P，Wong CS，Herold H（1989）Studies of the spatial and temporal evolution of a dence plasma focus in the X – ray Region. Laser Part Beams 7：763 – 772.

[5] Favre M，Lee S，Moo SP，Wong CS.（1992）X – ray emission in a small plasma focus operating with H2 – Ar mixtures. Plasma Sources Sci Technol 1：122 – 125.

[6] Wong CS，Moo SP，Singh J，Choi P，Dumitrescu – Zoita C，Silawatshananai C.（1996）Dynamics of X – ray emission from a small plasma focus. Mal J Sci 17B：109 – 117.

[7] Al – Hawat Sh，Akel M，Wong CS.（2011）X – ray emission from argon plasma focus contaminated with copper impurities in AECS PF – 2 usingfive channel diode spectrometer. J Fusion Energy 30：503 – 508.

[8] Ng CM，Moo SP，Wong CS.（1998）Variation of soft X – ray emission with gas pressure in a plasma focus. IEEE Trans Plasma Sci 26：1146 – 1153.

[9] Kulkoulprakarn Titisak，Ngamrungroj Dusit，Kamsing Pirud，Wong Chiow San，Mongkolnavin Rattachat.（2007）X – ray source structures of a small plasma focus device. J Sci Res Chula Univ 32：55 – 60.

[10] Mohammadi MA，Verma R，Sobhanian S，Wong CS，Lee S，Springham SV，Tan

TL，Lee P，Rawat RS.（2007）Neon soft X – ray emission studies from UNU – ICTP plasma focus operated with longer than optimal anode length. Plasma Sources Sci Technol 16：785 – 790.

[11] Mohammadi MA，Sobhanian S，Wong CS，Lee S，Lee P，Rawat RS.（2009）The effect of anode shape on neon soft X – ray emissions and current sheath configuration in plasma focus device. J Phys D Appl Phys 42：045203.

[12] Yap SL，Wong CS.（2007）Development of a 3. 3 kJ plasma focus as pulsed neutron source. J Sci Technol Tropics 3：123 – 127.

[13] Yap SL，Wong CS，Choi P，Dumitrescu C，Moo SP.（2005）Observation of two phases of neutron emission in a low energy plasma focus. Jpn J Appl Phys 44：8125 – 8132.

[14] Choi P，Deeney C，Wong CS.（1988）Absolute timing of relativistic electron beam in a plasma focus. Phys Lett A 128：80 – 83.

[15] Choi P，Deeney C，Herold H，Wong CS.（1990）Characterization of self – generated intense electron beams in a plasma focus. Laser Part Beams 8：469 – 476.

[16] Lee CH，Ngamrungroj D，Wong CS，Mongkolnavin R，Low YK，Singh J，Yap SL.（2005）Correlation between the current sheath dynamics in the axial acceleration phase of the plasma focus and its ion beam generation. J Sci Technol Tropics 1：51 – 54.

[17] Lim LK，Yap SL，Wong CS，Zakaullah M.（2013）Deuteron beam source based on Mather type plasma focus. J Fusion Energy 32：287 – 292.

[18] Ngoi SK，Yap SL，Goh BT，Ritikos R，Rahman SA，Wong CS.（2012）Formation of nano – crystalline phase in hydrogenated amorphous silicon thinfilm by plasma focus ion beam irradiation. J Fusion Energy 31（1）：96 – 103.

[19] Goh BT，Ngoi SK，Yap SL，Wong CS，Dee CF，Rahman SA.（2013）Structural and optical properties of the Nc – Si：H thinfilms irradiated by high energetic ion beams. J Non – Cryst Solids 363：13 – 19.

[20] Goh BT，Ngoi SK，Yap SL，Wong CS，Rahman SA.（2013）Effect of energetic ion beam irradiation on structural and optical properties of A – Si：H thinfilms. Thin Solid Films 529：159 – 163.

[21] Lee S，Conrad H.（1976）Measurements of neutrons and X – rays from a vacuum spark. Phys Lett 57A：233 – 236.

[22] Wong CS，Lee S.（1984）Vacuum spark as reproducible X – ray source. Rev Sci Instrum 55：1125 – 1128.

[23] Wong CS，Ong CX，Lee S，Choi P.（1992）Observation on enhanced pre – breakdown electron beams in a vacuum spark with a hollow cathode configuration. IEEE Trans

Plasma Sci 20: 405 – 409.

[24] Wong CS, Ong CX, Moo SP, Choi P. (1995) Characteristics of a vacuum spark triggered by the transient hollow cathode discharge electron beam. IEEE Tran Plasma Sci 23: 265 – 269.

[25] Wong CS, Lee S, Ong CX, Chin OH. (1989) A compact low voltage flash X – ray tube. Jpn J Appl Phys 28: 1264 – 1267.

[26] Wong CS, Woo HJ, Yap SL. (2007) A low energy tunable pulsed X – ray source based on the pseudospark electron beam. Laser Part Beams 25: 497 – 502.

[27] Wong CS, Singh J. (2012) Malaysian patent: pulsed plasma X – ray source, MY – 145318 – A.

[28] Amin YM, Mahat RH, Donald D, Shankar P, Wong CS. (1998) Measurement of X – ray exposure from a flash X – ray tube using TLD 100 and TLD 200. Radiat Phys Chem 51: 479.

[29] Bradley DA, Wong CS, Ng KH. (2000) Evaluating the quality of images produced by soft X – ray units. Appl Radiat Isot 53: 691 – 697.

[30] Chan LS, Tan D, Saboohi S, Yap SL, Wong CS. (2014) Operation of an electron beam initiated metallic plasma capillary discharge. Vacuum 103: 38 – 42.

[31] Wong CS, Lem SP, Goh BT, Wong CW. (2009) Electroless plating of copper on polyimide film modified by 50 Hz plasma graft polymerization with 1 – Vinylimidazole. Jpn J Appl Phys 48: 036501.

[32] Prasertsung I, Mongkolnavin R, Damrongsakkul S, Wong CS. (2010) Surface modification of dehydrothermal crosslinked gelatin film using a 50 Hz oxygen glow discharge. Surf Coat Technol 205: S133 – S138.

[33] Prasertsung I, Kanokpanont S, Mongkolnavin R, Wong CS, Panpranot J, Damrongsakkul S. (2012) Plasma enhancement of in vitro attachment of rat bone – marrow – derived stem cells on cross – linked gelatin films. J Biomater Sci Polym Ed 23: 1485 – 1504.

[34] Prasertsung I, Kanokpanont S, Mongkolnavin R, Wong CS, Panpranot J, Damrongsakkul S. (2013) Comparison of the behavior of fibroblast and bone marrow – derived mesenchymal stem cell on nitrogen plasma – treated gelatin films. Mater Sci Eng C 33: 4475 – 4479.

[35] Amornsudthiwat Phakdee, Mongkolnavin Rattachat, Kanokpanont Sorada, Panpranot Joongjai, Wong Chiow San, Damrongsakkul Siriporn. (2013) Improvement of early cell adhesion on thai silk fibroin surface by low energy plasma. Colloids Surf B 111: 579 – 586.

[36] Tay WH, Yap SL, Wong CS. (2014) The electrical characteristics and modeling of a filamentary dielectric barrier discharge in atmospheric air. Sains Malaysiana 43 (4): 583 - 594.

[37] Tay WH, Kausik SS, Wong CS, Yap SL, Muniandy SV. (2014) Statistical modelling of discharge behavior of atmospheric pressure dielectric barrier discharge. Phys Plasmas 21: 113502.

[38] Tay WH, Kausik SS, Yap SL, Wong CS. (2014) Role of secondary emission on discharge dynamics in an atmospheric pressure dielectric barrier discharge. Phys Plasmas 21: 044502.

[39] Ramasamy Rajeswari K, Rahman Noorsaadah A, Wong Chiow San. (2001) Effect of temperature on the ozonation of textile waste effluent. Color Technol 117: 95 - 97.

[40] Hashim Siti Aiasah, San Wong Chiow, Abas Mhd Radzi, Hj Khairul Zaman, Dahlan. (2007) Feasibility study on the removal of Nitric Oxide (NO) in gas phase using dielectric barrier discharge reactor. Malays J Sci 26: 111 - 116.

[41] Hashim SA, Wong CS, Abas MR, Hj Dahlan KZ. (2010) Discharge based processing systems for nitric oxide (NO) remediation. Sains Malays 39: 981 - 987.

[42] Bhai Tyata Raju, Prasad Subedi Deepak, Rajendra Shrestha, Wong Chiow San. (2013) Generation of uniform atmospheric pressure argon glow plasma by dielectric barrier discharge. Pramana 80: 507 - 517.

[43] Lee YS, Bora B, Yap SL, Wong CS. (2012) Effect of ambient air pressure on synthesis of copper and copper oxide nanoparticles by wire explosion process. Curr Appl Phys 12: 199 - 203.

[44] Wong CS, Bora B, Lee YS, Yap SL, Bhuyan H, Favre M. (2012) Effect of ambient gas species on the formation of cu nanoparticles in wire explosion process. Curr Appl Phys 12: 1345 - 1348.

[45] Bora B, Wong CS, Bhuyan H, Lee YS, Yap SL, Favre M. (2012) Impact of binary gas on nanoparticle formation in wire explosion process: an understanding via arc plasma formation. Mater Lett 81: 45 - 47.

[46] Bora B, Wong CS, Bhuyan H, Lee YS, Yap SL, Favre M. (2013) Understanding the mechanism of nanoparticle formation by wire explosion process. J Quant Spectrosc Radiat Transfer 117: 1 - 6.

[47] Bora B, Kausik SS, Wong CS, Chin OH, Yap SL, Soto L. (2014) Observation of the partial reheating of the metallic vapor during the wire explosion process for nanoparticle synthesis. Appl Phys Lett 104: 223108.